AF636849

Liebe Schülerin, lieber Schüler!

„Bin ich fit für den nächsten Mathetest?“ Wahrscheinlich hast du dich das auch schon einmal gefragt. Mit diesem Heft kannst du dich gut vorbereiten:
Nimm dir ungefähr **30 Minuten Zeit** und bearbeite einen Test mit Aufgaben, die du gerade in der Schule lernst. Wenn du fertig bist, prüfe noch einmal selbst deine Lösungen, bevor du die Ergebnisse genau mit dem Lösungsteil kontrollierst. Nun kannst du dir für jede Aufgabe Punkte geben und dir selbst **eine Note für deine Leistung errechnen**. Dabei darfst du dir auch von einem Erwachsenen helfen lassen. Sei nicht enttäuscht, wenn einmal etwas nicht so gut klappt: Auch aus Fehlern kannst du lernen. Viel Erfolg beim nächsten Test!

Liebe Eltern!

Tests oder Klassenarbeiten gehören zum Schulalltag dazu. Dieses Abfragen von Wissen und Können ist für die Kinder eine besondere Herausforderung, sodass es für sie eine Beruhigung sein kann, vorher zu Hause einen Übungstest zu schreiben: Mit diesem Heft können sie ihre Rechenfertigkeiten stärken und ihr Verständnis für Text- und Sachaufgaben überprüfen. Die Tests greifen alle lehrplanrelevanten Themen auf und begleiten somit die Kinder durch das ganze Schuljahr.

Hinweise: Nicht immer werden die Aufgaben genau zu dem besprochenen Unterrichtsstoff/Themenbereich passen. Zu unterschiedlich setzen Lehrer Prioritäten. So kann die hier errechnete Note auch nur ein Trendbarometer sein. Wenn Ihr Kind vor allem bei Textaufgaben Schwierigkeiten haben sollte, ermutigen Sie es, sich den Lösungsweg im **herausnehmbaren Lösungsteil** genau anzusehen, um so die Struktur einer neuen Aufgabe zu verstehen und sie später bei ähnlichen Aufgaben anwenden zu können. Rechenwege können vielseitig sein. Exemplarisch wird hier **einer** aufgezeigt.
Besonders bei Textaufgaben und Rechenrätseln ist es wichtig, immer alle Rechenschritte aufzuschreiben, denn auch Fragen, Zwischenergebnisse und Antworten werden in Tests bewertet.

Am Ende des Heftes gibt es eine **Übersicht zu Fachbegriffen**. Hier können Fachwörter, aber auch Rechenregeln und Größen und ihre Einheiten, die für die Tests bzw. für den Mathematikunterricht im Allgemeinen relevant sind, nachgeschlagen werden. Anschaulich und mit Beispielen lassen sich Verständnislücken schließen.

Auf ein fröhliches und erfolgreiches Schuljahr!

Agnes Spiecker

Sollte Ihr Kind Schwierigkeiten beim Lösen der Aufgaben haben, empfehle ich Ihnen zusätzlich unsere Lernhilfen:
Mathe trainieren – 3. Klasse (Heft 73) und
Textaufgaben – 3. Klasse (Heft 53).

1. Rechnen bis 100

1 **Ergänze jeweils die Zahlen in den Ausschnitten des Hunderterfeldes.**

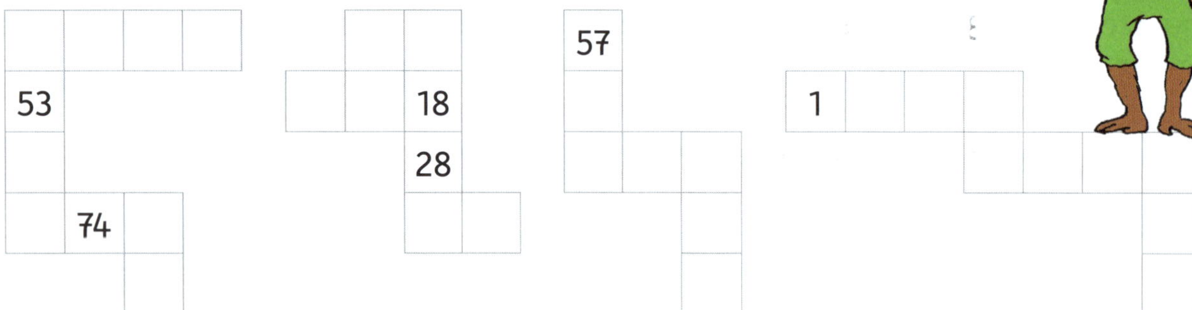

☐ / 4

2 **Rechentabellen: Ergänze die Lücken. Achte auf das Rechenzeichen.**

+	4		9	15
32		39		
79				

–	3	6		16
87				
54			42	

☐ / 8

3 **Rechne: Es geht einfach los. Achte auf das Rechenzeichen.**

10 + 26 = ____ 53 – 40 = ____ 45 + 43 = ____ 38 – 26 = ____

50 + 41 = ____ 39 – 16 = ____ 75 – 44 = ____ 25 + 74 = ____

☐ / 4

4 **Rechne: Jetzt wird's schwieriger.**

30 – 12 = ____ 36 + 36 = ____ ____ – 19 = 8 ____ + 29 = 56

44 – 15 = ____ 51 + 29 = ____ 47 + ____ = 62 85 – ____ = 44

52 – 33 = ____ 48 + 34 = ____ ____ – 32 = 49 76 – 19 = ____

☐ / 6

5 **Setze die Zahlenreihen richtig fort.**

a 100 → 93 → 86 → ____ → ____

b 12 → 24 → 36 → 48 → ____ → ____

c 10 → 20 → 15 → 25 → 20 → ____ → ____

☐ / 6

Von 28 Punkten hast du ____ erreicht.

2. Rechnen bis 100

1 Ergänze.

19 + ____ = 20	33 + ____ = 73	95 + ____ = 100	100 – ____ = 81
25 + ____ = 60	36 + ____ = 73	47 + ____ = 100	100 – ____ = 56
50 – ____ = 25	70 – ____ = 22	79 + ____ = 100	100 – ____ = 2

☐ / 6

2 Stell dir das Hunderterfeld im Kopf vor. Gehe nach Anweisung die folgenden Schritte. Ergänze alle Lücken. Ein Beispiel ist vorgegeben:

a	**37**	3 Schritte nach unten	**67**	2 Schritte nach rechts		6 Schritte nach oben	
b	**19**	1 Schritt nach rechts		3 Schritte nach unten		9 Schritte nach links	
c		3 Schritte nach unten		1 Schritt nach links	**39**	☐ Schritte nach unten	**99**

☐ / 4

3 Rechenmauer: Immer zwei Zahlen nebeneinander ergeben die Zahl darüber.

Mauer 1: oben: ____; Mitte: ____ | ____; unten: 5 | 20 | 14

Mauer 2: oben: ____; Mitte: ____ | ____; unten: 17 | 18 | 19

Mauer 3: oben: ____; Mitte: 37 | 56; unten: ____ | 28 | ____

Mauer 4: oben: 99; Mitte: ____ | ____; unten: ____ | ____ | ____

Hier gibt's verschiedene Lösungen.

☐ / 7

Zahlenrätsel

4a Welche Zahl ist um 18 größer als 59?

R: ________________________ Die Zahl heißt: ____.

☐ / 2

b Wenn du die gesuchte Zahl halbierst, erhältst du 28.

R: ________________________ Die Zahl heißt: ____.

☐ / 2

c Zähle zuerst die Zahlen 42 und 39 zusammen. Wie viel fehlt jetzt noch bis zur Zahl 100?

R: ________________________

Die Zahl heißt: ____.

Auf der nächsten Seite geht's weiter.

☐ / 3

Sachaufgaben: Halloween feiern

5a Zur Halloweenparty der dritten und vierten Klassen kommen viele Kinder. Um 15 Uhr beginnt die Feier: 23 Kinder haben sich als Hexen oder Zauberer verkleidet, 12 Kinder als Geister und 9 Kinder als Vampire. Die übrigen 15 Kinder haben sich nicht verkleidet. Es ist ein schönes Fest.

▶ Kreuze eine passende Rechenfrage an, rechne und antworte.

◯ Wie viele Kinder gehen in die 3. Klasse? ◯ Wie lange dauert das Fest?

◯ Wie viele Kinder kommen als Hexen? ◯ Wie viele Kinder sind insgesamt da? ☐ /0,5

☐ / 2

A: ______________________________ ☐ /0,5

b Am 31. Oktober sammeln die Kinder bei Nachbarn und Freunden Süßigkeiten. Am Schluss zählen sie alle ihre Süßigkeiten. Es sind insgesamt 98 Stück! Nico, Paul und Ben essen davon jeder 5 Süßigkeiten. Die anderen Kinder naschen alle zusammen 24 Süßigkeiten.

▶ Wie viele Süßigkeiten sind jetzt noch übrig?

☐ / 3

A: ______________________________ ☐ /0,5

c Jana möchte eine eigene Halloweenparty machen. Zusammen mit ihrer Mutter hat sie dafür viel eingekauft: roten Traubensaft für 7 €, verschiedene Süßigkeiten für insgesamt 6 €, einen großen Kürbis für 8 € und ein gruseliges Skelettkostüm. Mutter bezahlt mit einem 50-€-Schein und bekommt 12 € zurück.

▶ Was kostet das Skelettkostüm?

☐ / 3

A: ______________________________ ☐ /0,5

Von 34 Punkten hast du ______ erreicht.

3. Fit beim Einmaleins?

1 Wie viele Beine haben die Tiere jeweils zusammen?
Schreibe immer eine passende Malaufgabe und rechne sie aus.

  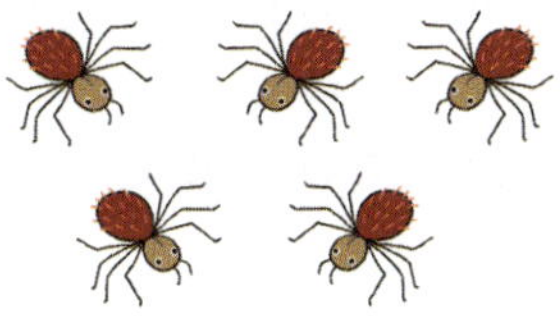 

______ ______ ______ ______

/ 4

2 Schreibe zu jedem Bild passend zwei Malaufgaben und zwei Geteiltaufgaben und rechne sie aus. Denke an Tauschaufgaben und Umkehraufgaben.

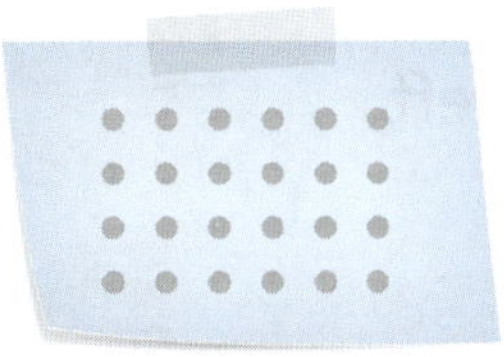

______
______
______
______

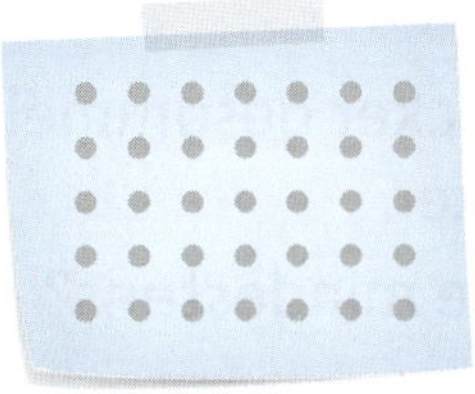

______
______
______
______

/ 8

3 Malnehmen und Teilen

2 · 3 = ___	5 · 7 = ___	___ · 5 = 15	8 · ___ = 64
4 · 4 = ___	9 · 9 = ___	___ · 5 = 45	9 · ___ = 90
6 · 5 = ___	4 · 6 = ___	___ · 7 = 63	3 · ___ = 27
9 : 3 = ___	18 : 2 = ___	___ : 8 = 7	16 : ___ = 8
0 : 8 = ___	18 : 9 = ___	___ : 4 = 0	24 : ___ = 3
20 : 4 = ___	24 : 6 = ___	___ : 7 = 6	49 : ___ = 7

/12

4 Ergänze jeweils darunter zu jeder Aufgabe ihre Umkehraufgabe.

7 · 4 = ___	8 · 5 = ___	54 : 6 = ___	48 : 6 = ___
______	______	______	______

/ 6

5 Achtung, hier bleibt ein Rest. Ergänze die Lücken.

31 : 5 = ___ R ___	31 : 7 = ___ R ___	29 : 3 = ___ R ___	57 : ___ = 8 R ___
31 : 6 = ___ R ___	31 : 8 = ___ R ___	46 : 5 = ___ R ___	89 : ___ = 9 R ___

/ 8

Sachaufgabe: Pferdesticker

6 In einem Schreibwarenladen gibt es kleine Päckchen mit Pferdestickern zu kaufen. In jedem Päckchen stecken 5 Sticker.

a Hanna hat begonnen die Pferdesticker zu sammeln. 24 Sticker hat sie schon. Von ihrem Taschengeld kauft sie sich jetzt 4 Päckchen. Ihre Mutter schenkt ihr noch 3 Päckchen.
Finde eine Rechenfrage. Verwende dabei alle Informationen aus der Aufgabe.

F: ______________________________ / 1

R: ______________________________

______________________________ / 2

A: ______________________________ /0,5

b Franka hat inzwischen 79 Sticker gesammelt. Sie klebt sie in ein weißes Heft. Auf jede Seite passen 9 Sticker.
▶ Wie viele Seiten braucht sie mindestens?

R: ______________________________ / 2

A: ______________________________ /0,5

c Auch Sarah, Mia und Ella zählen ihre Sticker. Sarah hat 28 Sticker und damit 4-mal so viele wie Mia. Ella hat 3-mal so viele wie Mia.
▶ Wie viele Sticker hat jede?

R: ______________________________

____

A: Sarah hat 28 Sticker, Mia hat ______ Sticker und Ella hat ______ Sticker. / 2

d Julia und Eva haben <u>zusammen</u> 22 Sticker. Eva hat 4 Sticker mehr als Julia.
▶ Wie viele Sticker hat Eva? Kreuze an.

◯ 4 ◯ 9 ◯ 13 ◯ 18 ◯ 26 / 1

Von 47 Punkten hast du ______ erreicht.

4. Knifflige Aufgaben zum Einmaleins

1 Welche Zahlen gehören nicht zum Einmaleins mit 7? Streiche sie durch.

7 49 65 21 28 42 35 17 ☐ / 2

2a Meine Zahl liegt zwischen 60 und 70. Sie ist durch 9 teilbar.

Meine Zahl: ______. ☐ / 1

b Wenn du meine Zahl durch 4 teilst, erhältst du genauso viel, wie wenn du 18 durch 3 teilst.

R: ________________________________ Meine Zahl: ______. ☐ / 2

c Wenn du meine Zahl mit 5 malnimmst und dann 8 dazuzählst, erhältst du 43.

R: ________________________________ Meine Zahl: ______. ☐ / 2

3 Für die E-Jugend des Fußballvereins werden 8 neue Trikots für 72 € angeschafft. Die F-Jugend braucht 6 neue Trikots. (Die Trikots kosten alle gleich viel.)
▶ Wie viel muss die F-Jugend bezahlen?

R: ________________________________ ☐ / 2

A: ________________________________ ☐ /0,5

4 Theo hat ein 56 cm langes Band, von dem er jeweils 8 cm lange Stücke abschneidet. ▶ Wie viele Stücke kann er so höchstens insgesamt erhalten?
▶ Wie viele Male kann er höchstens schneiden?

R: ________________________________ ☐ / 2

A: ________________________________ ☐ /0,5

5 Drei Männer treffen sich auf dem Sportplatz. Herr Topfit sagt: „Ich trainiere jeden 2. Tag hier.“ Herr Sportlich meint: „Ich komme jeden 3. Tag vorbei.“ Herr Renner sagt bedauernd: „Ich schaffe es leider nur jeden 5. Tag.“
▶ Nach wie vielen Tagen treffen sich die drei Männer das nächste Mal?

R: ________________________________

________________________________ ☐ / 2

A: ________________________________ ☐ /0,5

Von 14,5 Punkten hast du ______ erreicht.

5. Zahlen bis 1000

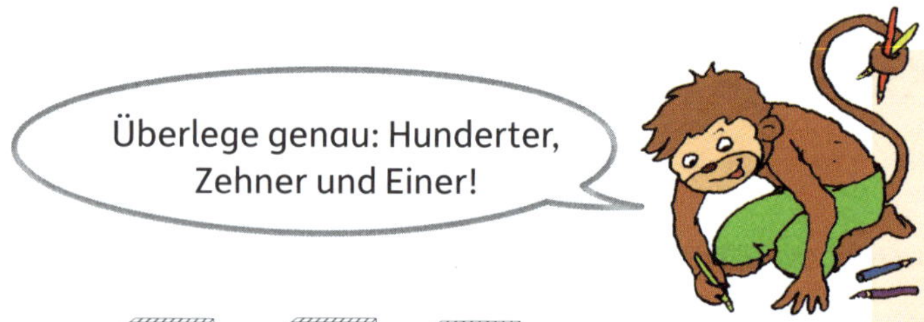

1 Schreibe als Zahl.

a 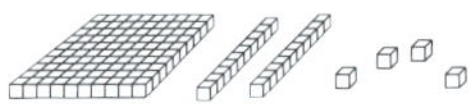 ______

b 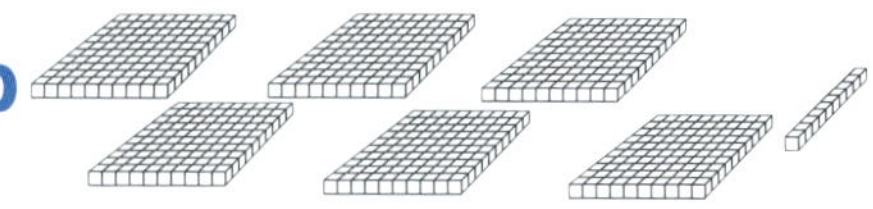 ______

c 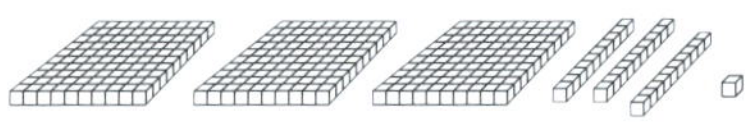 ______

d 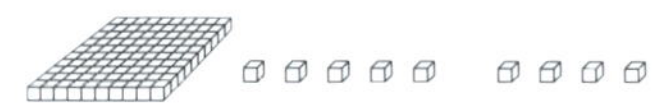 ______ / 4

e vierhundertsiebenundzwanzig: ______ neunhundertzehn: ______

dreihundertdreiundneunzig: ______ fünfhundertacht: ______ / 4

f 3H 6Z 5E: ______ 3Z 5H 3E: ______ 6H 6E: ______ 3H 14Z 1E: ______ / 4

2 Bilde aus den Ziffernkarten jeweils die kleinste und die größte dreistellige Zahl.

a 9 1 4 ______ ______

b 4 3 8 ______ ______

c 7 0 2 ______ ______ / 3

d Julia legt aus Ziffernkarten die Zahl 2 3 4. Jetzt legt sie auf die 3 eine 7. Eine neue Zahl entsteht. Um wie viel ist Julias neue Zahl größer?

Julias neue Zahl ist um ______ größer. / 1

3a Kreuze die passenden Felder in der Hundertertafel an.

516
548
583
537
556
572

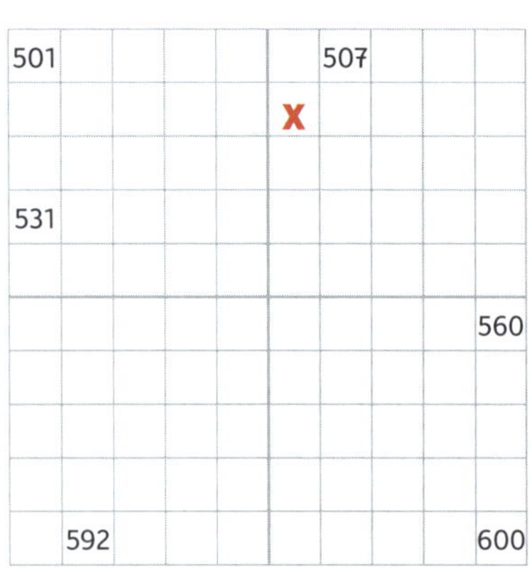

b Welche Felder sind blau markiert? Schreibe die Zahlen der Größe nach auf.

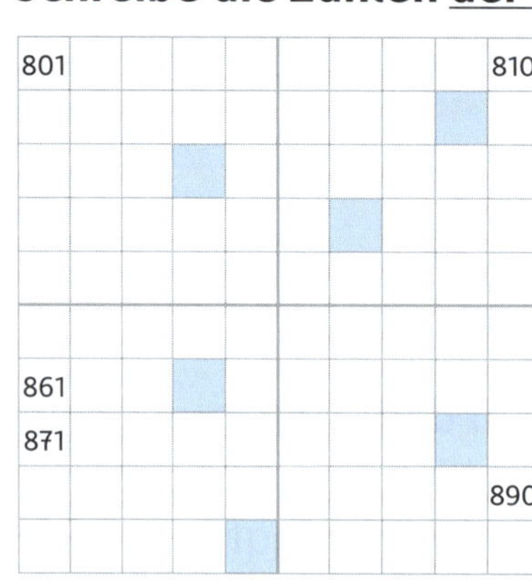

819
______
______
______
______
______ / 5

4 Vergleiche. Setze <, > oder = ein.

670 ◯ 670 110 ◯ 101 685 – 10 ◯ 657 + 20

340 ◯ 430 98 ◯ 890 695 – 20 ◯ 625 + 50 / 4

5 **Trage die Zahlen ein. Achte auf die Abstände auf dem Zahlenstrahl.**

a

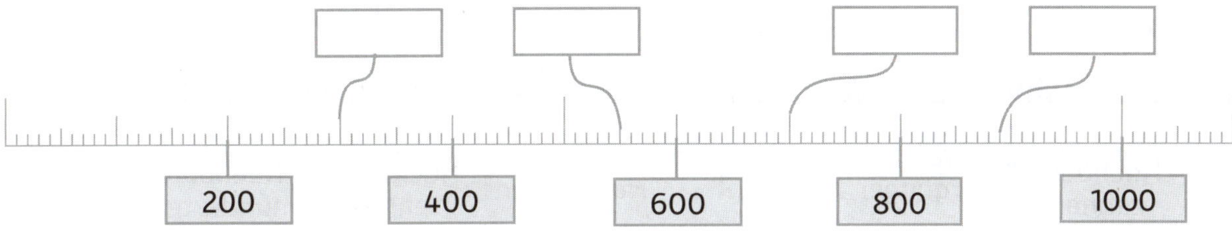

/ 2

b

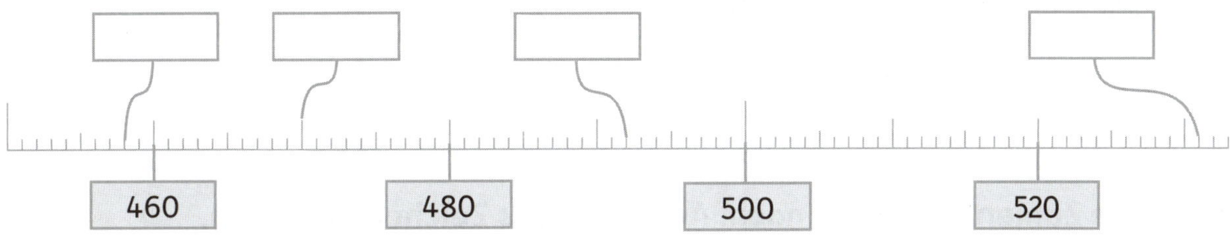

/ 2

6 **In diesen beiden Zahlenreihen sind Fehler passiert! Streiche jeweils die beiden falschen Zahlen der Reihen durch. Schreibe die richtigen Zahlen darüber.**

a 430 440 450 460 740 480 490 480 510 520 530 / 1

b 780 781 782 783 784 758 786 787 788 789 800 / 1

Zahlenrätsel

7a Welche Zahl liegt genau in der Mitte zwischen 0 und 1000? Die Zahl heißt: ______. / 1

b Welche Zahlen sind größer als 397 und kleiner als 403?
Schreibe alle auf: ______________________________. / 1

c Die Zahl liegt zwischen 600 und 700 und hat drei gleiche Ziffern.
Die Zahl heißt: ______. / 1

d Die gesuchte Zahl ist kleiner als 1000. Sie hat 3 Hunderter, doppelt so viele Zehner und keine Einer. Die Zahl heißt: ______. / 1

e Der Vorgänger der Zahl ist die Zahl 834. Wie heißt ihr Nachfolger?
Der Nachfolger heißt: ______. / 1

f Die Zahlen liegen zwischen 530 und 550. Sie haben zwei gleiche Ziffern.
Wie heißen die vier Zahlen? ______________________ / 2

Von 38 Punkten hast du ______ erreicht.

6. Zahlen und einfaches Rechnen bis 1000

1 Finde die Nachbarzahlen. (Das Wort *Nachbarzahl* findest du auf S. 50 erklärt.)

Nachbar-hunderter	Nachbar-zehner	Vorgänger	Zahl	Nachfolger	Nachbar-zehner	Nachbar-hunderter
	410		418			**500**
			790			
			300			

/ 3

2 Ordne jeweils die Zahlen der Größe nach. Achte auf das Zeichen (< oder >).

a 500 300 350 53 35 305

_____ < _____ < _____ < _____ < _____ < _____

/2,5

b 977 877 879 98 800 899

_____ > _____ > _____ > _____ > _____ > _____

/2,5

3 Denke die Zahlenfolgen weiter. Welche führen genau zur Zahl 1000? Kreuze an.

- ◯ 700; 800; 900 ...
- ◯ 820; 860; 900 ...
- ◯ 650; 700; 750 ...
- ◯ 975; 980; 985 ...

/ 4

4 Welche Zahl steht jeweils genau in der Mitte?

a 600 [ ] 800

b 480 [ ] 500

c 222 [ ] 226

d 300 [ ] 600

/ 4

5 Rechne.

300 + 600 = _____

400 + 300 = _____

700 + _____ = 900

800 – 700 = _____

900 – 100 = _____

1000 – _____ = 300

_____ + 700 = 800

_____ – 600 = 400

_____ – 200 = 500

/4,5

6 Rechenmauern: Immer zwei Zahlen nebeneinander ergeben die Zahl darüber.

30	10	200

290	30	430

560	420	
	110	

	1000	
730		
520		

☐ / 6

Zahlenrätsel

7a Wie heißen die Zahlen? Schreibe sie mit Ziffern. Sieh dir das Beispiel an.

H	Z	E
●●●	●●●●● ●●●	●●

382

H	Z	E
●	●●●●● ●●●	●●●●● ●●●●

______

H	Z	E
●●●●●		●●

______

☐ / 2

b Zeichne die Zahlen mit Punkten in die Stellenwerttafeln ein.

H	Z	E

758

H	Z	E

130

H	Z	E

79

☐ / 3

c Tim hat mit Plättchen die Zahl 398 gelegt – wie in Aufgabe **7a**. Jule nimmt nun eins der Plättchen weg.

▶ Welche drei Zahlen kann Jule erhalten? ______________________ ☐ /1,5

d Faruk legt mit Plättchen die Zahl 702. Mara verschiebt nun ein Plättchen von einem Feld in ein anderes.

▶ Welche vier Zahlen kann Mara erhalten? ______________________ ☐ / 2

e Julia legt mit 5 Plättchen die kleinstmögliche 3-stellige Zahl.

▶ Die Zahl heißt: ______. ☐ / 1

f Welche 3-stelligen Zahlen kannst du mit 2 Plättchen legen.

▶ Schreibe alle auf: ______________________ ☐ /1,5

Von 37,5 Punkten hast du ______ erreicht.

7. Rechnen bis 1000

1 Rechne: Achte auf jede Null.

400 + 10 = ___	300 + 30 = ___	150 + 53 = ___
14 + 400 = ___	503 + 303 = ___	550 + 305 = ___
101 + 400 = ___	300 + 330 = ___	505 + 300 = ___

/4,5

2 Rechne innerhalb eines Hunderters. Denke immer an die kleine Aufgabe.

147 + 22 = ___	54 – 13 = ___	452 – ___ = 437
225 + 52 = ___	366 – 15 = ___	903 + ___ = 931
713 + 49 = ___	642 – 38 = ___	___ + 44 = 670
243 + 38 = ___	961 – 47 = ___	___ – 67 = 218

/ 6

3 Setze die Reihen fort. Wie wurde gerechnet? Nenne die Regel.

110 → 140 → 170 → ___ → ___ → ___ Regel: ___

770 → 755 → 740 → ___ → ___ → ___ Regel: ___

/ 4

4 Auf jeder Linie sind es zusammen immer 1000. Ergänze die Lücken.

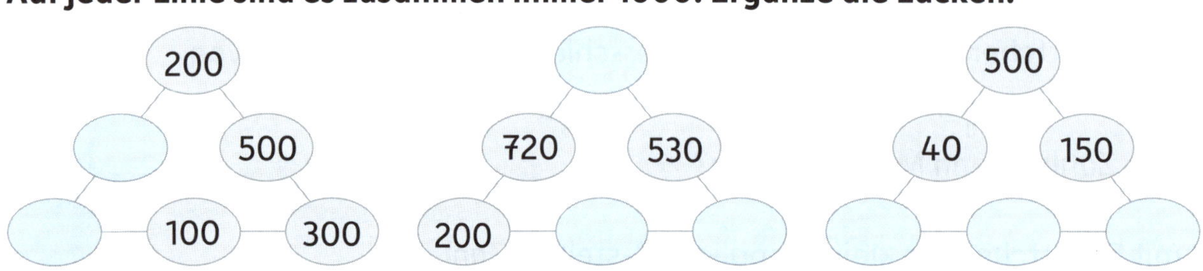

/ 4

5 Rechenschlange: Ergänze alle Lücken.

90 —+ 200→ ___ —– 130→ ___ —+ ___→ 400 —– ___→ 250 —+ 750→ ___

/2,5

Zahlenrätsel

6a Welche Zahl ist um 19 größer als 725?

R: ___ Die Zahl heißt: ___.

/ 2

b Wenn ich die Zahl verdopple und dann 20 abziehe, erhalte ich 480.

R: ___ Die Zahl heißt: ___.

/ 3

Sachaufgaben: Bücher

7 Bei einem Preisausschreiben sollen als Gewinne 900 Bücher verschickt werden. Davon sind 120 Bücher noch nicht verschickt worden.

F: ______________________________ / 1

R: ______________________________ / 1

A: ______________________________ /0,5

8 In der Schulbücherei gab es 283 Bücher. 34 davon waren alt und wurden aussortiert. Eltern schenkten der Bücherei 15 neue Bücher. Die Schule kaufte noch weitere Bücher ein, sodass es in der Bücherei nun 400 Bücher gibt.

▶ Wie viele Bücher kaufte die Schule?

R: ______________________________

______________________________ / 3

A: ______________________________ /0,5

9 In den beiden dritten Klassen werden insgesamt 46 Lesebücher, 46 Sprachbücher, 46 Mathebücher und 23 Sachkundebücher benötigt. 37 Bücher wurden davon inzwischen schon an die Klassen verteilt.

▶ Wie viele Bücher müssen noch verteilt werden?

/ 2

A: ______________________________ /0,5

10 Tim ist eine Leseratte. Sein Abenteuerbuch hat insgesamt 510 Seiten. Am ersten Tag liest er 190 Seiten. Am 2. Tag liest er <u>20 Seiten mehr</u> als am 1. Tag. Am 3. Tag schafft er den Rest des Buches.

▶ Wie viele Seiten liest er am 3. Tag?

R: ______________________________

______________________________ / 3

A: ______________________________ /0,5

Von 38 Punkten hast du ________ erreicht.

8. Rechnen bis 1000

1 Rechentabellen: Ergänze die Lücken. Achte auf das Rechenzeichen.

+	4		20	25
396		404		
799				

–	3	6		16
404				
901			891	

☐ / 8

2 Ergänze zum nächsten Hunderter (Beispiel: 340 + **60** = **400**).

150 + ______ = ______ 572 + ______ = ______

380 + ______ = ______ 888 + ______ = ______

☐ / 4

3 Rechne.

300 + ______ = 1000 320 + 490 = ______ 310 – ______ = 130

200 + ______ = 1000 730 – 580 = ______ ______ + 290 = 470

928 + ______ = 1000 720 – 130 = ______ ______ – 510 = 300

601 + ______ = 1000 680 + 320 = ______ 420 + ______ = 810

☐ / 6

4 Welche Zahlen gehören in die Kästchen und auf die Pfeile?

☐ —+110→ ☐ —–80→ 620 —+ ___→ ☐ —–300→ 500 —– ___→ 120

☐ /2,5

Zahlenrätsel

5a Wenn ich zu meiner Zahl 490 dazuzähle, erhalte ich 630.

R: ______________________________ Meine Zahl: ______.

☐ / 2

b Wenn ich von meiner Zahl 160 und danach 270 abziehe, erhalte ich die Hälfte von 810.

R: ______________________________

______________________________ Meine Zahl: ______.

☐ / 3

Sachaufgaben: Im Fahrradladen

6 Johannes möchte ein neues Fahrrad kaufen. Es kostet im Laden 760 €. Er selbst hat schon 180 € gespart. Seine Eltern geben ihm 350 €. Den Rest bezahlt seine Oma. (Frage/Rechnung/Antwort)

F: ______ ☐ / 1

☐ / 2

A: ______ ☐ /0,5

7 Julia freut sich sehr auf eine Radtour in den Ferien. Zu ihrem Geburtstag bekommt sie ein neues Fahrrad für 379 € und zwei neue Fahrradtaschen geschenkt. Ihre Mutter hat dafür insgesamt 419 € bezahlt.

▶ Was kostet eine Fahrradtasche?

☐ / 3

A: ______ ☐ /0,5

8 Im Fahrradladen sind noch 90 Speichenreflektoren übrig. Trotzdem lässt sich der Laden 2 neue Packungen liefern. In jeder Packung befinden sich 270 Stück.

▶ Wie viele Speichenreflektoren gibt es jetzt in dem Laden?

☐ / 2

A: ______ ☐ /0,5

Von 35 Punkten hast du ______ erreicht.

9. Rechnen mit Geld

1 **Wie viel Geld ist es jeweils? Schreibe sowohl in gemischter Schreibweise als auch in Kommaschreibweise. Sieh dir dazu das Beispiel an.**

a

195 € 50 ct

195,50 €

b

c

d

/ 3

2 **Wandle in die angegebene Einheit um.**

7 € 20 ct = ______ ct   3 € 85 ct = ______ €   989,99 € = ____ € ____ ct

5,15 € = ______ ct   603 ct = ______ €   50 ct = ____ € ____ ct

/ 3

3 **Ergänze passende Münzen. Schreibe bei jeder Münze € oder ct dazu.**

a 8,35 €

b 24,10 €

/ 3

4 **Zeichne die zwei Beträge mit jeweils <u>möglichst wenigen</u> Scheinen und Münzen. Schreibe bei jeder Münze € oder ct dazu.**

372 €

146,04 €

/ 4

5 **Gib 5 Geldscheine an, die zusammen 310 € ergeben. Finde zwei verschiedene Möglichkeiten.**

€	€	€		€	€	€
€	€			€	€	

☐ / 2

6 **Ordne die Geldbeträge der Größe nach. Beginne mit dem kleinsten Wert.**

1,20 €	12,50 €	0,25 €	1 € 12 ct	5 € 21 ct	52 ct

______ < ______ < ______ < ______ < ______ < ______

☐ /2,5

7 **Ergänze die Tabelle.**

Preis	3,80 €	4,19 €		39,80 €
gegeben				☐
zurück			1,85 €	10,20 €

☐ / 4

8 **Kreuze an: richtig oder falsch?**

	richtig	falsch
9 € kann ich mit 5 Münzen legen.		
Mit 2 Scheinen kann ich 800 € legen.		
Wenn ich 3 Scheine gebe, gebe ich mindestens 30 €.		
Ich gebe einen 10-€-Schein und bekomme 3 Münzen zurück. Ich habe mindestens 4 € bezahlt.		
5 Cent kann ich auf 5 verschiedene Arten legen.		

☐ / 5

9 Luca hat einige Münzen gesammelt. Mit einer Strichliste hat er sie gezählt. Insgesamt hat Luca 1,04 €. Bei den 5-Cent-Münzen hat er die Striche vergessen. Ergänze sie.

<table>
<tr><td>10-Cent-Münzen</td><td>||||</td></tr>
<tr><td>5-Cent-Münzen</td><td></td></tr>
<tr><td>2-Cent-Münzen</td><td>𝍸 𝍸</td></tr>
<tr><td>1-Cent-Münzen</td><td>𝍸 ||||</td></tr>
</table>

☐ / 3

Von 29,5 Punkten hast du ______ erreicht.

10. Körperformen und Würfelnetze

1 Verbinde die Bilder und Begriffe mit der passenden Körperform in der Mitte.

Zylinder | Quader | Würfel | Kugel | Pyramide | Kegel

Streichholzschachtel | Teelicht | Schultüte | Globus

/ 4

2 Was sind das für geometrische Formen?

Ich habe zwei Flächen und eine Spitze: ____________.

Ich habe nur eine Fläche, keine Kanten und keine Ecken: ____________.

Ich bestehe aus 6 Rechtecken. Immer zwei Flächen sind gleich groß: ____________.

Mich kannst du aus zwei Kreisen und einem Rechteck basteln: ____________.

/ 4

3 Ansichten von Körpern: Wie sehen die beschriebenen Flächen aus?
Male die Kästen unten passend **blau** (Kreis) oder **rot** (Quadrat) an.
Streiche durch, was zu keiner der beiden Flächen passt.

Würfel von der Seite | vierseitige Pyramide von unten | Kegel von unten

Kegel von der Seite | Zylinder von oben | Pyramide von der Seite

/ 6

4 Jeweils zwei Bauteile ergeben zusammen einen Quader. Male sie jeweils mit der gleichen Farbe an.

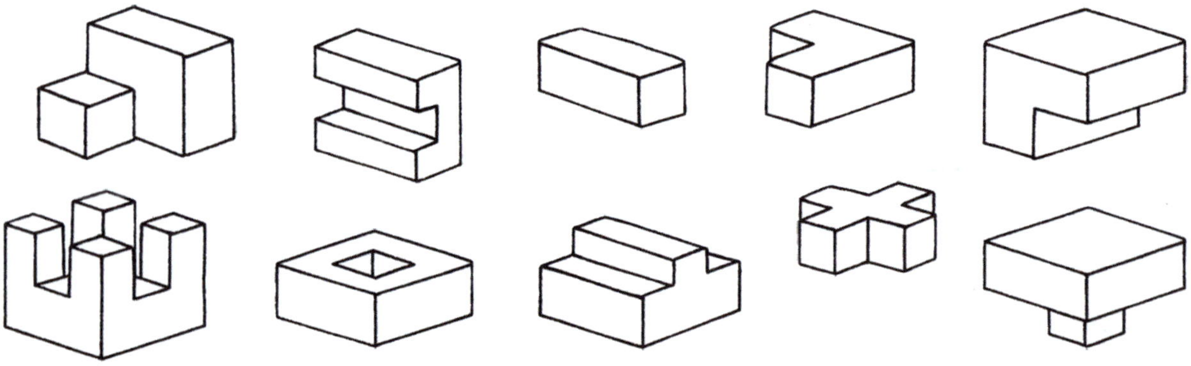

/ 5

5 Zeichne die fehlenden Würfelpunkte in die Netze ein.
Bedenke: Bei einem Spielwürfel ist die Summe der Würfelaugen der gegenüberliegenden Flächen immer 7.

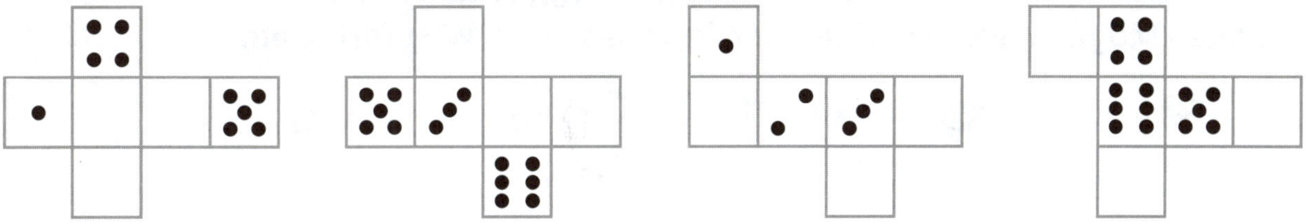

/ 4

6 Was sind keine Würfelnetze? Streiche sie durch.

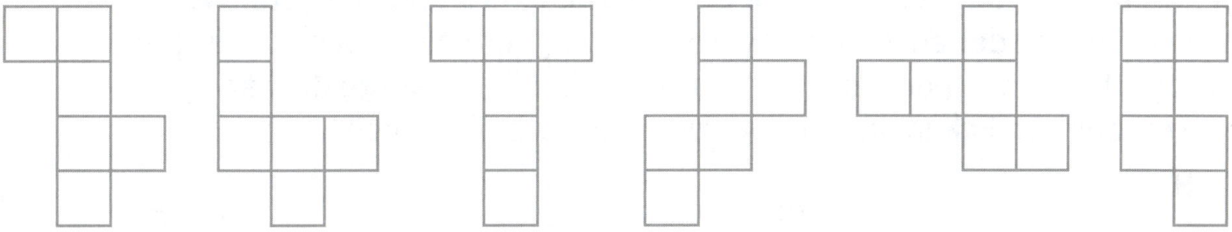

/ 3

7 Jeweils eine der farbigen Flächen passt nicht zum Würfelnetz. Streiche sie durch. Male bei den übrigen Flächen jeweils gegenüberliegende mit gleicher Farbe an.

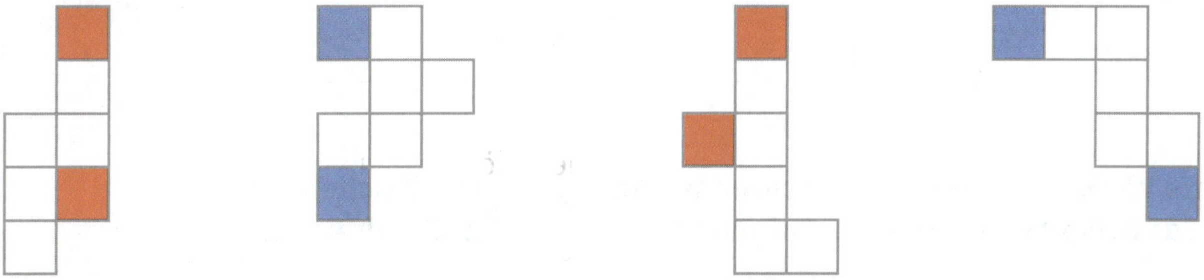

/ 4

8 Bei den folgenden Würfelnetzen sind einzelne Kanten bunt gefärbt. Male nur die Kanten, die beim Zusammenfalten auf diese treffen, entsprechend an.

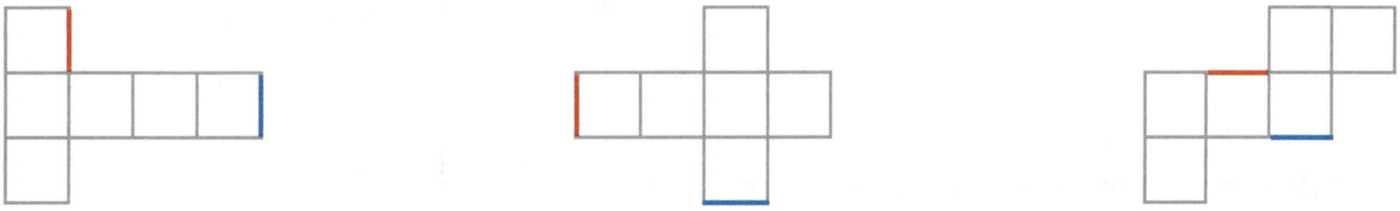

/ 3

9 Leon möchte aus kleinen, blauen Würfeln einen großen Würfel bauen. Er hat schon angefangen:

Wie viele kleine Würfel braucht er noch? ______

Aus wie vielen kleinen Würfeln besteht dann der große Würfel? ______

/ 2

Von 35 Punkten hast du ______ erreicht.

11. Raumvorstellung, rechte Winkel, Ansichten, Körperformen

1 **Der Käfer krabbelt über die Kanten den <u>kürzesten</u> Weg bis zum Blatt. Finde die 6 verschiedenen Möglichkeiten und zeichne jeweils seinen Weg farbig ein.**

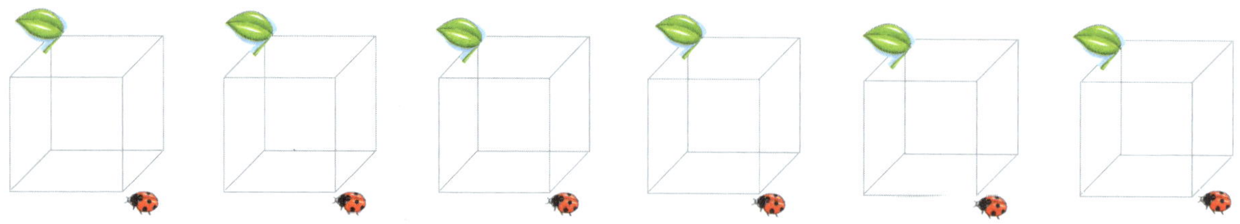

☐ / 3

2 **Der Käfer krabbelt von der Ecke A bis zur Ecke H. Wie lang ist sein längster Weg?** Schreibe die Ecken, an denen der Käfer vorbeikommt, der Reihe nach auf. Es gibt mehrere Möglichkeiten! Finde nur eine. Achtung: Über <u>keine Kante</u> darf er <u>mehrmals</u> krabbeln, an <u>Ecken</u> darf er aber <u>zweimal</u> vorbeikommen.

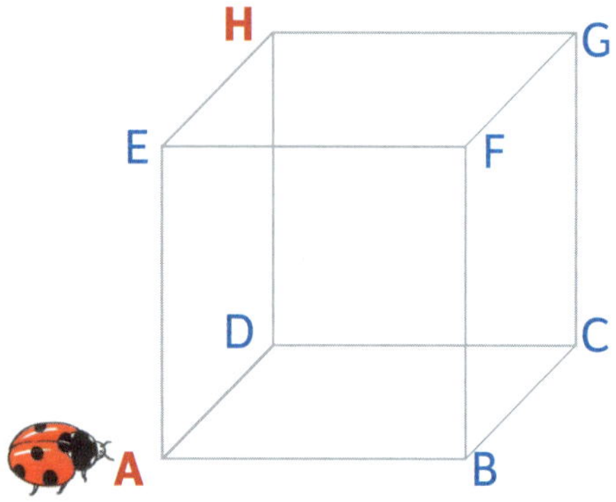

Weg des Käfers: A ______________________ H

☐ / 1

Rechne aus, wie viele cm er insgesamt krabbelt, wenn eine Kante 2 cm lang ist.

R: ______________________

A: ______________________

☐ / 1

3 **Der rechte Winkel: Markiere alle rechten Winkel mit diesem Zeichen: ⦜ Sieh dir das Beispiel an. Für diese Aufgabe brauchst du ein Geodreieck.**

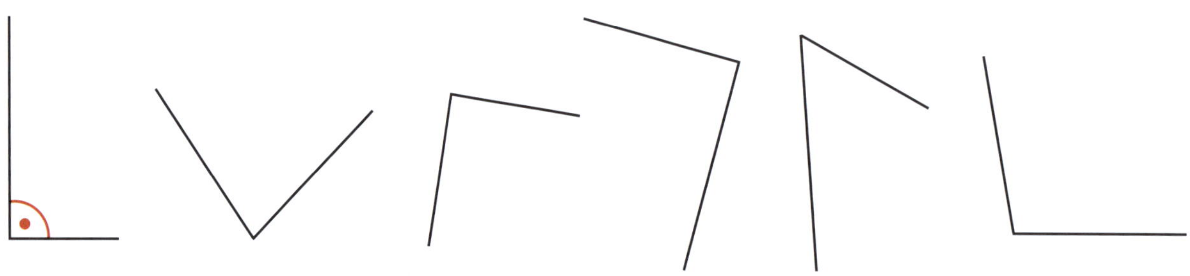

☐ /2,5

4 **Kreise jeweils alle sichtbaren rechten Winkel bei jeder Figur ein. Zähle sie.**

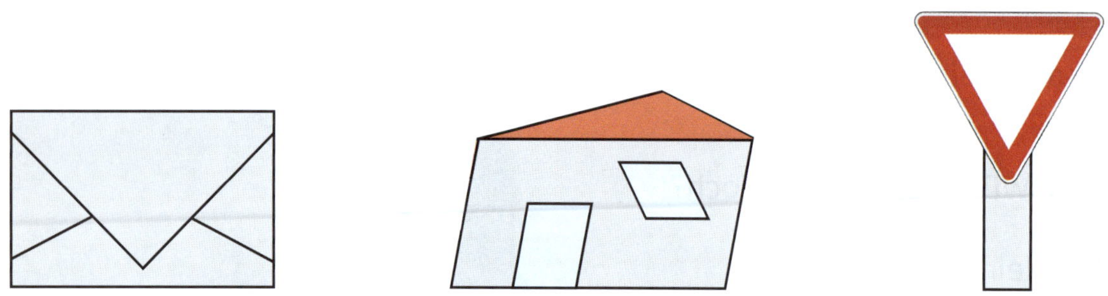

____ rechte Winkel ____ rechte Winkel ____ rechte Winkel

☐ / 3

5 Kreuze <u>alle</u> passenden Zahlen an.

Bei einem Würfel gibt es ◯ 8, ◯ 16, ◯ 24, ◯ 32 rechte Winkel.

Bei einem Dreieck kann es ◯ 0, ◯ 1, ◯ 2, ◯ 3 rechte Winkel geben. ☐ / 2

6 Sieh dir die folgende Fläche an. Kreuze alle richtigen Aussagen dazu an.

◯ Die Fläche ist kein Rechteck.
◯ Es gibt vier rechte Winkel.
◯ Gegenüberliegende Seiten sind gleich lang.
◯ Die Fläche hat Symmetrieachsen.
◯ Die Fläche kann eine Außenfläche eines Quaders sein. ☐ /2,5

7 Sieh dir das Bauwerk genau an.

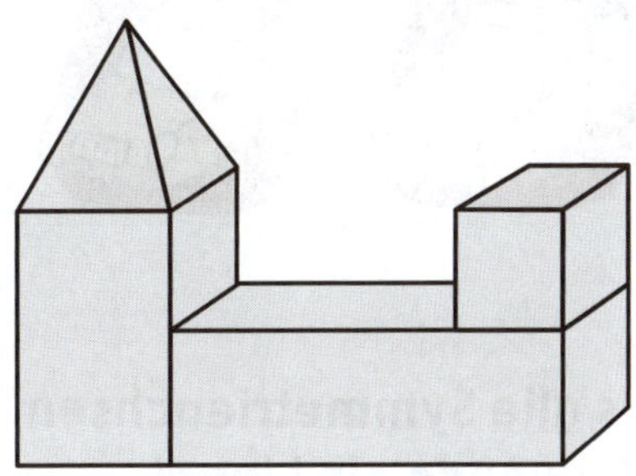

Wie sieht es von verschiedenen Seiten aus? Ergänze einen Begriff (oben, unten, vorne, hinten, rechts, links) oder zeichne selbst die passende Ansicht.
Das Bauwerk von ...

	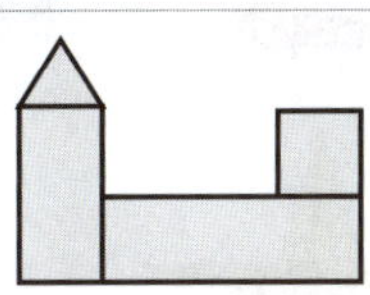			
			links	**hinten**

☐ / 5

8 Zeichne selbst nach Anweisung das folgende Bauwerk von vorne.

Ein roter Würfel liegt rechts neben einem stehenden gelben Zylinder. Auf diesem Zylinder befindet sich ein blauer Kegel. Links neben dem Zylinder liegt eine schwarze Kugel, die nur halb so hoch ist wie der Zylinder. Auf dem roten Würfel steht ein brauner Quader, der genauso breit, aber doppelt so hoch ist wie der Würfel.
Wichtig: Es ist ein zusammenhängendes Bauwerk und soll in den Kasten passen. ☐ / 3

Von 23 Punkten hast du ______ erreicht.

12. Achsensymmetrie

1 **Suche zu jedem Bild links jeweils das passende Spiegelbild. Kreise es ein.**

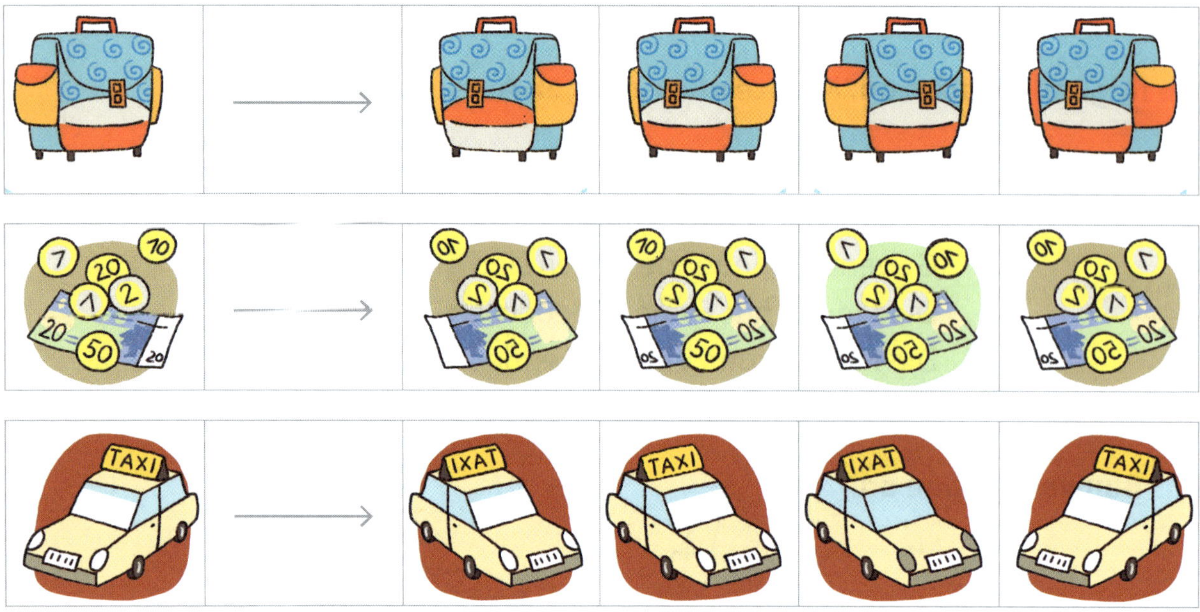

/ 3

2 **Finde bei den Figuren jeweils <u>alle</u> Symmetrieachsen und zeichne sie ein. Achte auf Form und Farbe. Verwende ein Lineal.**

/ 5

3 **Zeichne die Figuren achsensymmetrisch fertig.**

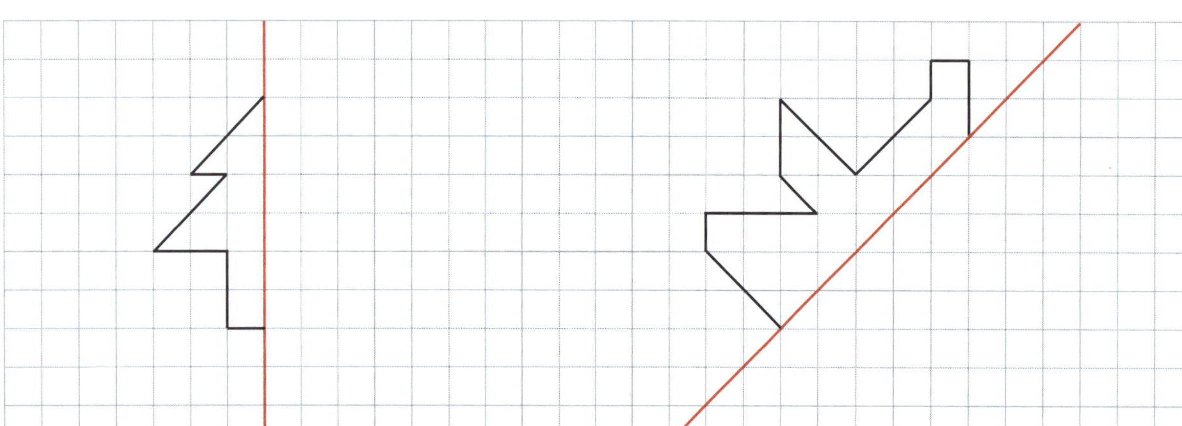

/ 3

4 **Manche Wörter sind achsensymmetrisch. Zeichne alle Symmetrieachsen ein.**

EBBE OTTO ANNA DECKE TAT /2,5

5 **Finde selbst jeweils zwei Großbuchstaben, zu denen Folgendes passt:**

Sie haben genau eine Symmetrieachse: ______

Sie haben genau zwei Symmetrieachsen: ______

Sie haben keine Symmetrieachse: ______ / 3

6 **Ergänze die farbigen Flächen auf beiden Seiten so, dass ein achsensymmetrisches Muster entsteht. Färbe nur notwendige Flächen.**

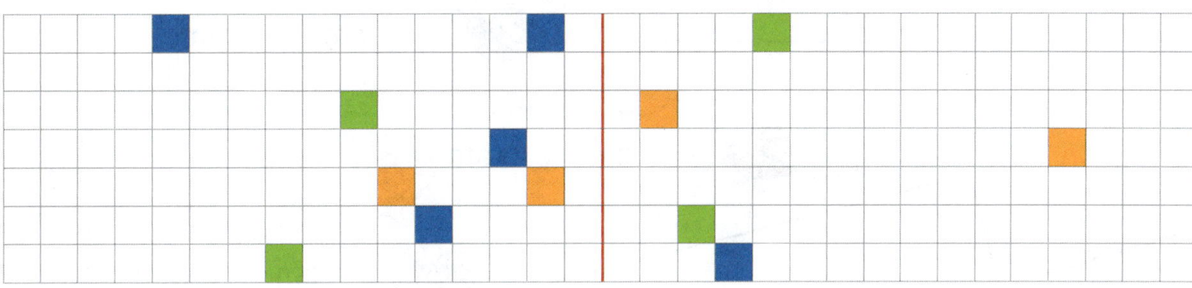

/ 3

7 **Zeichne drei Spiegelbilder ein.**

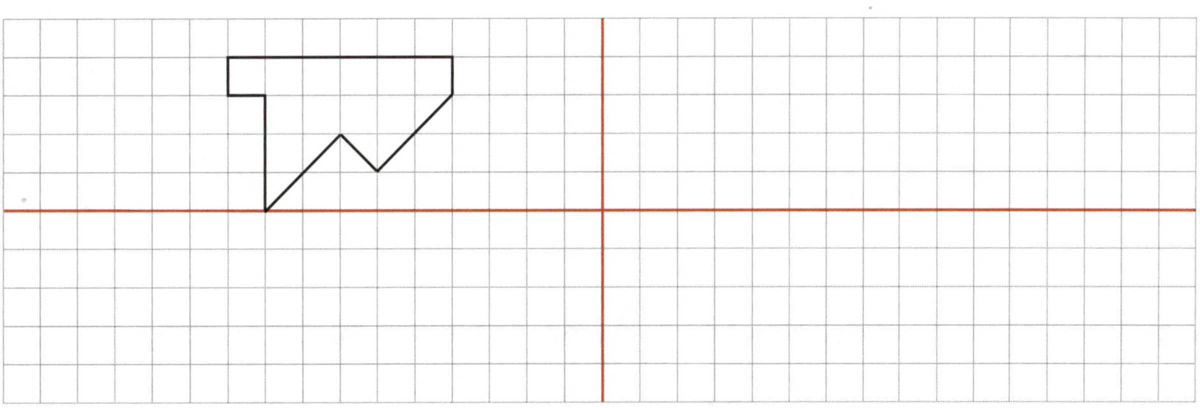

/ 3

8 **Spiegle die Zahlen an der Symmetrieachse.**

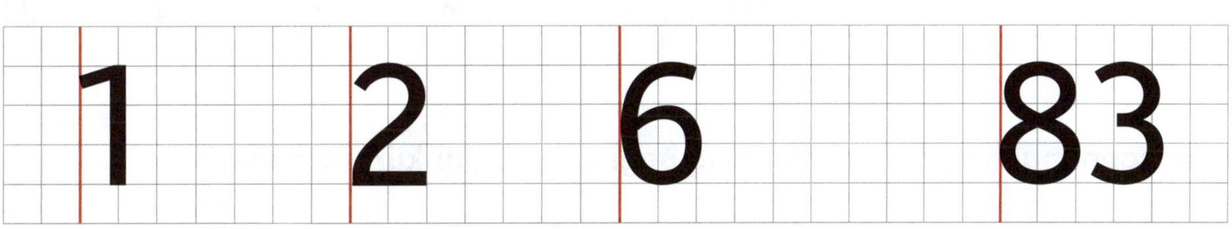

/2,5

Von 25 Punkten hast du ______ erreicht.

13. Längenmaße

1 **Wie groß sind die Gegenstände in Wirklichkeit? Verbinde die Längen passend.**

46 cm	4,6 m	33 mm	26 m	16 cm

/2,5

2 **Wie weit ist jede Schnecke gekrochen? Miss jeweils genau nach, zähle die Teilstücke zusammen und gib das Ergebnis in gemischter Schreibweise an.**
Tipp: Schreibe die Längen der Teilstücke jeweils dazu.

____ cm ____ mm

____ cm ____ mm

____ cm ____ mm

/ 5

3 **Zeichne die angegebenen Strecken. Verwende ein Lineal.**

a	5 cm 2 mm	⊢----
b	38 mm	⊢----
c	100 mm	⊢----

/ 3

4 **Male alle gleichen Längen mit der gleichen Farbe an. Es bleiben Kärtchen übrig.**

8 cm 8 mm | 88 mm | 8,8 cm | 0 cm 4mm | 303 mm

88 cm | 2,0 cm | 4 mm | 2 cm

20 mm | 0,4 cm | 30,3 cm | 2 m | 30 cm 3 mm

/ 4

5 **Ordne die Längenangaben der Größe nach. Beginne mit der kürzesten Strecke.**

8 km	120 m	80 cm	1,20 m	8 cm	12 mm

______ < ______ < ______ < ______ < ______ < ______

/2,5

6 Verschiedene Schreibweisen. Ergänze die Tabelle.

8 m 56 cm	3 m 12 cm	6 m 8 cm		
856 cm			701 cm	
8,56 m				0,08 m

/ 4

7 Rechne.

2 m 74 cm + 3 m = ______ m ______ cm

26 m 6 cm + 12 m 38 cm = ______ m ______ cm

10 m – 95 cm = ______ m ______ cm

3 m 52 cm + ______ cm = 4 m

50 m + ______ cm = 50,50 m

35,50 m – ______ m = 33 m

/ 6

Sachaufgaben: Meter und Zentimeter

8 Julian und Lea vergleichen ihre Größe: Julian ist 132 cm groß. Wenn er sich auf eine Kiste stellt, die einen halben Meter hoch ist, und Lea auf die 25 cm hohe Treppenstufe steigt, dann sind beide gleich groß.

▶ Wie groß ist Lea? Die Skizze hilft dir.

/ 3

A: ____

/0,5

9 Weitsprünge: Ein Eichhörnchen springt 90 cm weit. Eine Maus springt 20 cm weniger weit als ein Eichhörnchen. Eine Heuschrecke kann dagegen 1 m 30 cm weiter springen als eine Maus. Der Weltrekord beim Menschen im Weitsprung liegt zur Zeit bei 8 m 95 cm. Der Schneeleopard kann aber noch 7 m 5 cm weiter springen.

▶ Wer springt wie weit? Ergänze unten die Tabelle. Gib das Ergebnis in m an.

Maus	Eichhörnchen	Heuschrecke	Mensch	Schneeleopard
m	**0,9 m**	m	m	m

/3,5

Von 34 Punkten hast du ______ erreicht.

14. Gewichte

1 Welche Gewichte brauchst du? Verwende kein Gewicht mehrfach. Kreuze an.

	1 kg	500 g	200 g	100 g	50 g	20 g	10 g	5 g	2 g	1 g
837 g										
1 kg 535 g										
1703 g										

☐ / 3

2 Vergleiche die Gewichte. Setze ein: >, < oder =.

1045 g ◯ 104 kg　　1000 g ◯ 9 kg　　3 kg 479 g ◯ 3 kg 497 g

5 kg 78 g ◯ 578 g　　2000 g ◯ 2 kg　　55 kg ◯ 5 kg 5 g

☐ / 6

3 Ergänze die Gewichte. Achte auf die Einheit.

720 g + ____ g = 1 kg　　8 kg 500 g + ____ kg ____ g = 10 kg

90 g + ____ g = 1 kg　　150 g + ____ kg ____ g = 10 kg

☐ / 4

Sachaufgaben: Gewichte – leicht oder schwer?

4a Wie viel wiegen die **Lebensmittel**? Gib die Gewichte in Gramm an.

____ g

____ g

____ g

☐ / 3

b Wie viel wiegen zwei Netze mit Äpfeln? (Schreibe in kg und g!)

R: ____________________ ☐ / 2

A: ____________________ ☐ /0,5

c Wie viel Gramm wiegen 4 Bananen? (Diese Bananen sind jeweils gleich schwer.)

R: ____________________ ☐ / 2

A: ____________________ ☐ /0,5

Tests in Mathe

Lernzielkontrollen 3. Klasse

Lösungen

Dieser Lösungsteil ist herausnehmbar!
Klammern in der Mitte des Heftes öffnen!

Anmerkung zur Bewertung

Bei Zahlenrätseln und Sachaufgaben wird auch immer der Rechenweg bepunktet. Wenn eine Rechnung oder eine Teilrechnung stimmt, aber das Ergebnis falsch ist, gibt es trotzdem jeweils 1/2 P oder 1 P, wie bei der Lösung angegeben. Folgefehler können nach eigenem Ermessen bewertet werden. Für richtige Ergebnisse gibt es weitere Punkte. Sollte Ihr Kind in Teilbereichen auf Rechnungen verzichten, aber trotzdem zu dem richtigen Ergebnis kommen, können die Punkte für den Rechenweg ergänzt werden.

Zwischenergebnisse sind **grün**, **Endergebnisse** sind **rot** markiert.

1. Rechnen bis 100

1

43	44	45	46
53			
63			
73	74	75	
		85	

	7	8	
16	17	18	
		28	
		38	39

57		
67		
77	78	79
		89
		99

jeder richtige Ausschnitt = 1 P

1	2	3	4			
			14	15	16	17
						27
						37

2

+	4	7	9	15
32	36	39	41	47
79	83	86	88	94

–	3	6	12	16
87	84	81	75	71
54	51	48	42	38

jede Zahl = 1/2 P

3

10 + 26 = 36   53 – 40 = 13   45 + 43 = 88   38 – 26 = 12

50 + 41 = 91   39 – 16 = 23   75 – 44 = 31   25 + 74 = 99

4

30 – 12 = 18   36 + 36 = 72   27 – 19 = 8   27 + 29 = 56

44 – 15 = 29   51 + 29 = 80   47 + 15 = 62   85 – 41 = 44

52 – 33 = 19   48 + 34 = 82   81 – 32 = 49   76 – 19 = 57

5a 100 $\xrightarrow{-7}$ 93 $\xrightarrow{-7}$ 86 $\xrightarrow{-7}$ 79 $\xrightarrow{-7}$ 72

b 12 $\xrightarrow{+12}$ 24 $\xrightarrow{+12}$ 36 $\xrightarrow{+12}$ 48 $\xrightarrow{+12}$ 60 $\xrightarrow{+12}$ 72

c 10 $\xrightarrow{+10}$ 20 $\xrightarrow{-5}$ 15 $\xrightarrow{+10}$ 25 $\xrightarrow{-5}$ 20 $\xrightarrow{+10}$ 30 $\xrightarrow{-5}$ 25

Punkte	28-26,5	26-22	21,5-16,5	16-14	13,5-8	7,5-0
Note	1	2	3	4	5	6

2. Rechnen bis 100

1

19 + 1 = 20	33 + 40 = 73	95 + 5 = 100	100 − 19 = 81
25 + 35 = 60	36 + 37 = 73	47 + 53 = 100	100 − 44 = 56
50 − 25 = 25	70 − 48 = 22	79 + 21 = 100	100 − 98 = 2

2a **37** → 3 Schritte nach unten → **67** → 2 Schritte nach rechts → 69 → 6 Schritte nach oben → 9

b **19** → 1 Schritt nach rechts → 20 → 3 Schritte nach unten → 50 → 9 Schritte nach links → 41

c 10 → 3 Schritte nach unten → 40 → 1 Schritt nach links → **39** → 6 Schritte nach unten → **99**

3

59
25 | 34
5 | 20 | 14

72
35 | 37
17 | 18 | 19

93
37 | 56
9 | 28 | 28

99
50 | 49
20 | 30 | 19

Bei der letzten Rechenmauer sind viele Lösungen möglich. Lass dir beim Kontrollieren helfen.

4a R: 59 + 18 = 77 1P **Rechnung =** 1P Die Zahl heißt: 77.

b R: ? : 2 = 28 **oder:** 28 + 28 = 56 1P **Rechnung =** 1P Die Zahl heißt: 56.

c R: 42 + 39 = 81 1P 100 – 81 = 19 1P **Rechnung jeweils =** 1/2P Die Zahl heißt: 19.

5a
- ◯ Wie viele Kinder gehen in die 3. Klasse?
- ◯ Wie lange dauert das Fest?
- ◯ Wie viele Kinder kommen als Hexen?
- ☒ Wie viele Kinder sind insgesamt da?

R: 23 + 12 + 9 + 15 = 35 + 9 + 15 = 44 + 15 = 59 1P **Rechnung =** 1P

A: 59 Kinder sind insgesamt da.

b R: 3 • 5 = 15 (Nico + Paul + Ben) 1P 98 – 15 – 24 = 59 **oder:** 15 + 24 = 39 **Rechenweg =** 1P
98 – 39 = 59 1P

A: Es sind noch 59 Süßigkeiten übrig.

c R: 7 € + 6 € + 8 € = 21 € (kosten Dinge ohne Kostüm)
50 € – 12 € = 38 € (muss sie bezahlen)
38 € – 21 € = 17 € (kostet Kostüm) 1P **Rechenweg insgesamt =** 2P

A: Das Kostüm kostet 17 €.

Punkte	34-32	31,5-27	26,5-22	21,5-17	16,5-10	9,5-0
Note	1	2	3	4	5	6

3. Fit beim Einmaleins?

1 $6 \cdot 4 = 24$ $7 \cdot 2 = 14$ $5 \cdot 8 = 40$ $4 \cdot 4 = 16$

2

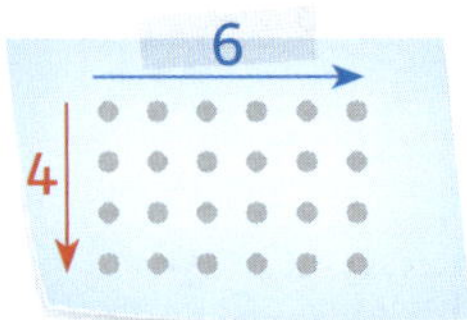

$4 \cdot 6 = 24$
$6 \cdot 4 = 24$
$24 : 4 = 6$
$24 : 6 = 4$

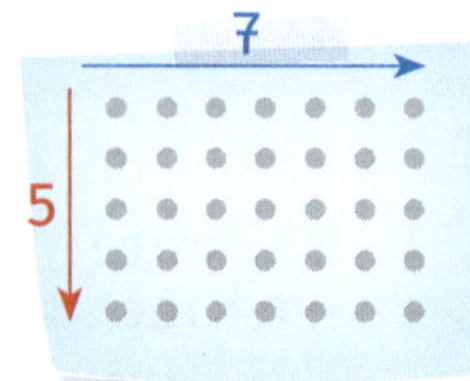

$5 \cdot 7 = 35$
$7 \cdot 5 = 35$
$35 : 5 = 7$
$35 : 7 = 5$

3

$2 \cdot 3 = 6$	$5 \cdot 7 = 35$	$3 \cdot 5 = 15$	$8 \cdot 8 = 64$
$4 \cdot 4 = 16$	$9 \cdot 9 = 81$	$9 \cdot 5 = 45$	$9 \cdot 10 = 90$
$6 \cdot 5 = 30$	$4 \cdot 6 = 24$	$9 \cdot 7 = 63$	$3 \cdot 9 = 27$
$9 : 3 = 3$	$18 : 2 = 9$	$56 : 8 = 7$	$16 : 2 = 8$
$0 : 8 = 0$	$18 : 9 = 2$	$0 : 4 = 0$	$24 : 8 = 3$
$20 : 4 = 5$	$24 : 6 = 4$	$42 : 7 = 6$	$49 : 7 = 7$

4

$7 \cdot 4 = 28$ (1/2 P)	$8 \cdot 5 = 40$ (1/2 P)	$54 : 6 = 9$ (1/2 P)	$48 : 6 = 8$ (1/2 P)
$28 : 4 = 7$ (1 P)	$40 : 5 = 8$ (1 P)	$9 \cdot 6 = 54$ (1 P)	$8 \cdot 6 = 48$ (1 P)
oder: $28 : 7 = 4$	$40 : 8 = 5$	$6 \cdot 9 = 54$	$6 \cdot 8 = 48$

5

$31 : 5 = 6$ R 1	$31 : 7 = 4$ R 3	$29 : 3 = 9$ R 2	$57 : 7 = 8$ R 1
$31 : 6 = 5$ R 1	$31 : 8 = 3$ R 7	$46 : 5 = 9$ R 1	$89 : 9 = 9$ R 8

6a F: Wie viele Sticker hat Hanna jetzt insgesamt?

R: $24 + 4 \cdot 5 + 3 \cdot 5 = 24 + 20 + 15 = 59$ **Rechnung =** 1 P

oder: $4 + 3 = 7$ $7 \cdot 5 = 35$ $24 + 35 = 59$ 1 P

A: Hanna hat jetzt insgesamt 59 Sticker.

b R: $79 : 9 = 8$ Rest 7 1 P

Für die übrigen Sticker muss Franka eine neue Seite beginnen. Deshalb braucht sie mindestens 9 Seiten. 1 P

A: Franka braucht mindestens 9 Seiten.

c R: Mia: $28 : 4 = 7$ 1 P Ella: $3 \cdot 7 = 21$ 1 P

A: Sarah hat 28 Sticker, Mia hat 7 Sticker und Ella hat 21 Sticker.

d (X) 13 Eva hat **vier Sticker mehr** als Julia: $? + 4 = 13$; $13 - 4 = 9$
Gemeinsam haben sie 22: $9 + 13 = 22$

Punkte	47-44,5	44-37,5	37-30,5	30-23,5	23-14	13,5-0
Note	1	2	3	4	5	6

4. Knifflige Aufgaben zum Einmaleins

1 7 49 ~~65~~ 21 28 42 35 ~~17~~ **1 Fehler = 1P** **2 oder mehr Fehler = 0P**

2a R: Zahlen zwischen 60 und 70: 61, 62, 63, 64, 65, 66, 67, 68, 69

Nur die Zahl 63 ist durch 9 teilbar. Meine Zahl: 63 1P

b R: 18 : 3 = 6 (3. Teil von 18)

6 · 4 = 24 → 24 : 4 = 18 : 3 **Rechenweg:** 1P

Meine Zahl: 24 1P

c R: ? · 5 + 8 = 43

43 – 8 = 35 → 35 : 5 = 7 **Rechenweg:** 1P

Meine Zahl: 7 1P

3 R: 72 € : 8 = 9 € (kostet 1 Trikot)

6 · 9 € = 54 € (kosten 6 Trikots) 1P **Rechenweg:** 1P

A: Die F-Jugend muss 54 € bezahlen.

4 R: 56 cm : 8 cm = 7 (Stücke) 1P

Achtung: |—+—+—+—+—+—+—|

Für 7 Stücke muss er nur 6-mal schneiden. 1P

A: Theo erhält 7 Stücke. Er kann höchstens 6-mal schneiden.

5 R: Eine Tabelle kann dir helfen, den nächsten gemeinsamen Tag zu finden.

Herr Topfit:	2	4	6	8	10	12	14	16	18	20	22	24	26	28	30
Herr Sportlich:		3	6		9	12		15	18		21	24		27	30
Herr Renner			5		10			15		20			25		30

In der Tabelle siehst du, dass erst die Zahl 30 in allen drei Zeilen (Einmaleinsreihen) vorkommt.
Du kannst auch rechnen: 2 · 3 · 5 = 30 2P (Der Rechenweg spielt keine Rolle, das Ergebnis zählt.)

A: Die drei Männer treffen sich erst nach 30 Tagen das nächste Mal auf dem Sportplatz.

Punkte	**14,5-13**	**12,5-11,5**	**11-10**	**9,5-7**	**6,5-4,5**	**4-0**
Note	**1**	**2**	**3**	**4**	**5**	**6**

5. Zahlen bis 1000

1a 124 **b** 610 **e** vierhundertsiebenundzwanzig: 427 neunhundertzehn: 910
dreihundertdreiundneunzig: 393 fünfhundertacht: 508

c 331 **d** 109 **f** 3H 6Z 5E: 365 3Z 5H 3E: 533 6H 6E: 606 3H 14Z 1E: 441

2a 149, 941 **b** 348, 843 **c** 207, 720 (Eine dreistellige Zahl kann nicht mit 0 beginnen!)

d Julias neue Zahl ist um 40 größer. (Die Zehner werden verändert: 274 ist um 40 größer als 234.)

3a 516, 548, 583, 537, 556, 572

501						507			
					x				
531						x			
							x		
					x				560
	x								
		x							
	592								600

b 819, 824, 837, 864, 879, 895

801									810
861									
871									
									890

4 670 (=) 670 1/2 P 110 (>) 101 1/2 P 685 – 10 (<) 657 + 20 1 P
340 (<) 430 1/2 P 98 (<) 890 1/2 P 695 – 20 (=) 625 + 50 1 P

5a 300 550 700 890 **b** 458 470 492 531 **jede Zahl = 1/2 P**

6a

430	440	450	460	~~740~~ 470	480	490	~~480~~ 500	510	520	530

b

780	781	782	783	784	~~758~~ 785	786	787	788	789	~~800~~ 790

7a Die Zahl heißt: 500. **b** 398, 399, 400, 401, 402
(Achtung: Die Zahlen 397 und 403 gehören nicht dazu.)

c Zwischen 600 und 700 liegen nur Zahlen, die alle 6 Hunderter haben. Wenn die Zahl also drei gleiche Ziffern haben soll, so kann das jeweils nur die Ziffer 6 sein. Die Zahl heißt: 666.

d Hunderter: 3; Zehner: 2 • 3 = 6; Einer: keine Einer = 0 Die Zahl heißt: 360.

e Vorgänger: 834; Zahl: 835; Nachfolger: 836 Der Nachfolger heißt: 836.

f 533, 535, 544, 545

Punkte	38-36	35,5-30,5	30-24,5	24-19	18,5-11	10,5-0
Note	1	2	3	4	5	6

6. Zahlen und einfaches Rechnen bis 1000

1

400	**410**	417	418	419	420	**500**
700	780	789	790	791	800	800
200	290	299	300	301	310	400

pro Zeile = 1P
pro Zeile 1 Fehler = 1/2 P
2 oder mehr Fehler = 0 P

2a 35 < 53 < 300 < 305 < 350 < 500
jeder richtige Vergleich (< oder >) = 1/2 P

b 977 > 899 > 879 > 877 > 800 > 98

3
(X) 700; 800; 900 …
( ) 820; 860; 900 …
(X) 650; 700; 750 …
(X) 975; 980; 985 …

4a 700 **b** 490 **c** 224 **d** 450

5
300 + 600 = 900
400 + 300 = 700
700 + 200 = 900

800 − 700 = 100
900 − 100 = 800
1000 − 700 = 300

100 + 700 = 800
1000 − 600 = 400
700 − 200 = 500

6

250
40 | 210
30 | 10 | 200

780
320 | 460
290 | 30 | 430

980
560 | 420
450 | 110 | 310

1000
730 | 270
520 | 210 | 60

7a **382** 189 502

b

H	Z	E
●●●●●●●	●●●●●	●●●●●●●●

H	Z	E
●	●●●	

H	Z	E
	●●●●●●●	●●●●●●●●●

(Wenn du dir bei den nächsten Aufgaben unsicher bist, zeichne dir die Plättchen in eine Stellenwerttafel auf deinen Block – wie in den Aufgaben **7a** und **7b**.)

c Jule kann entweder bei den H, den Z oder den E ein Plättchen wegnehmen. So kann sie folgende Zahlen erhalten: 298, 388, 397.

d Mara kann von H zu Z, von H zu E, von E zu Z oder von E zu H verschieben: 612, 603, 711, 801.

e Die Zahl soll **dreistellig**, aber möglichst **klein** sein. Julia wählt somit nur 1 H (Eine dreistellige Zahl muss mindestens einen Hunderter haben.), 0 Z (Je weniger Zehner sie wählt, desto kleiner wird die Zahl) und 4 E (Nur mit 4 Einern besteht die Zahl aus 5 Plättchen). Die Zahl heißt: 104.

f 101, 110, 200

Punkte	**37,5-35,5**	**35-30**	**29,5-24**	**23,5-18,5**	**18-11**	**10,5-0**
Note	**1**	**2**	**3**	**4**	**5**	**6**

7. Rechnen bis 1000

1

400 + 10 = 410	300 + 30 = 330	150 + 53 = 203
14 + 400 = 414	503 + 303 = 806	550 + 305 = 855
101 + 400 = 501	300 + 330 = 630	505 + 300 = 805

2

147 + 22 = 169	54 – 13 = 41	452 – 15 = 437
225 + 52 = 277	366 – 15 = 351	903 + 28 = 931
713 + 49 = 762	642 – 38 = 604	626 + 44 = 670
243 + 38 = 281	961 – 47 = 914	285 – 67 = 218

3 110 → 140 → 170 → 200 → 230 → 260 Regel: immer + 30

770 → 755 → 740 → 725 → 710 → 695 Regel: immer – 15

4

200
200 500
600 100 300

80
720 530
200 410 390

500
40 150
460 190 350

5 90 —+ 200→ 290 —– 130→ 160 —+ 240→ 400 —– 150→ 250 —+ 750→ 1000

6a 725 + 19 = 744 1P

Rechnung = 1P

Die Zahl heißt: 744.

b 2 • ? – 20 = 480

480 + 20 = 500

500 : 2 = 250 1P

Rechnung = 2P

Die Zahl heißt: 250.

7 F: Wie viele Bücher wurden schon verschickt?

R: 900 – 120 = 780 1P

A: Es wurden schon 780 Bücher verschickt.

8 R: 283 – 34 + 15 + ? = 400

283 – 34 = 249

249 + 15 = 264

400 – 264 = 136 1P

Rechenweg = 2P

A: Die Schule kaufte 136 Bücher.

9 R: 46 + 46 + 46 + 23 = 161 1P

161 – 37 = 124 1P

A: Es müssen noch 124 Bücher verteilt werden.

10 R: 1. Tag: 190 Seiten.

2. Tag: 190 + 20 = 210 1P

1. + 2. Tag: 190 + 210 = 400 1P

3. Tag: 510 – 400 = 110 1P

A: Am 3. Tag liest er 110 Seiten.

Punkte	38-36	35,5-30,5	30-24,5	24-19	18,5-11	10,5-0
Note	1	2	3	4	5	6

8. Rechnen bis 1000

1

+	4	8	20	25
396	400	404	416	421
799	803	807	819	824

–	3	6	10	16
404	401	398	394	388
901	898	895	891	885

2 150 + 50 = 200 | 572 + 28 = 600
380 + 20 = 400 | 888 + 12 = 900

3
300 + 700 = 1000 | 320 + 490 = 810 | 310 – 180 = 130
200 + 800 = 1000 | 730 – 580 = 150 | 180 + 290 = 470
928 + 72 = 1000 | 720 – 130 = 590 | 810 – 510 = 300
601 + 399 = 1000 | 680 + 320 = 1000 | 420 + 390 = 810

4 590 → +110 → 700 → –80 → 620 → +180 → 800 → –300 → 500 → –380 → 120

Rechne bei diesen Aufgaben jeweils Umkehraufgaben. Beachte aus + wird –, aus – wird +:
z. B.: 500 + 300 = 800 oder 620 + 80 = 700 oder 700 – 110 = 590.

5a ? + 490 = 630
630 – 490 = 140 **Rechnung = 1P**
Meine Zahl: 140 1P

b ? – 160 – 270 = 405
? – 430 = 405 **Rechnung = 2P**
? = 835 1P
Meine Zahl: 835

6 F: Wie viel bezahlt seine Oma?

R: 760 € – 180 € = 580 €
580 € – 350 € = 230 € 1P **Rechnung = 1P**

A: Oma bezahlt 230 €.

7 R: 379 € + ? + ? = 419 €
419 € – 379 € = 40€ → 40 € : 2 = 20 € 1P **Rechnungen = 2P**

A: Eine Fahrradtasche kostet 20 €.

8 R: 270 + 270 = 540 (neue Speichenreflektoren) 1P
540 + 90 = 630 1P

A: 630 Speichenreflektoren gibt es jetzt in dem Laden.

Punkte	35-33	32,5-28	27,5-22,5	22-17,5	17-10,5	10-0
Note	1	2	3	4	5	6

9. Rechnen mit Geld

1a **195 € 50 ct**
195,50 €

b 213 € 10 ct
213,10 €

c 64 € 24 ct
64,24 €

d 8 € 8 ct
8,08 €

2
7 € 20 ct = 720 ct
5,15 € = 515 ct

3 € 85 ct = 3,85 €
603 ct = 6,03 €

989,99 € = 989 € 99 ct
50 ct = 0 € 50 ct

3a (50 ct)

b (1 €) (50 ct) **pro Münze = 1P**

4
372 €: 200 | 100 | 50 | 20 | (2 €)

146,04 €: 100 | 20 | 20 | 5 | (1 €) | (2 ct) | (2 ct)

5 Hier gibt es 4 verschiedene Möglichkeiten, 2 davon solltest du gefunden haben.

200 € | 50 € | 50 € | 5 € | 5 €

200 € | 50 € | 20 € | 20 € | 20 €

100 € | 100 € | 100 € | 5 € | 5 €

100 € | 100 € | 50 € | 50 € | 10 €

6 0,25 € < 52 ct < 1 € 12 ct < 1,20 € < 5 € 21 ct < 12,50 € **jeder richtige Vergleich (<) = 1/2P**

7

Preis	3,80 €	4,19 €	18,15 €	39,80 €
gegeben				50 €
zurück	6,20 € (620 ct)	0,81 € (81 ct)	1,85 €	10,20 €

8

	richtig	falsch
9 € kann ich mit 5 Münzen legen.	X	
Mit 2 Scheinen kann ich 800 € legen.		X
Wenn ich 3 Scheine gebe, gebe ich mindestens 30 €.		X
Ich gebe einen 10-€-Schein und bekomme 3 Münzen zurück. Ich habe mindestens 4 € bezahlt.	X	
5 Cent kann ich auf 5 verschiedene Arten legen.		X

9

10-Cent-Münzen	||||	= 40 ct
5-Cent-Münzen	~~||||~~ ||	= 35 ct
2-Cent-Münzen	~~||||~~ ~~||||~~	= 20 ct
1-Cent-Münzen	~~||||~~ ||||	= 9 ct

R: 40 ct + 20 ct + 9 ct = 69 ct **1P**
1,04 € = 104 ct
104 ct – 69 ct = 35 ct **1P**
35 ct : 5 ct = 7 **1P** (Luca hat 7 5-ct-Münzen.)

Punkte	**29,5-27,5**	**27-23,5**	**23-19**	**18,5-14,5**	**14-8,5**	**8-0**
Note	**1**	**2**	**3**	**4**	**5**	**6**

10. Körperformen und Würfelnetze

1 Ein Würfel ist ein besonderer Quader: Spielwürfel = Würfel **und/oder** Spielwürfel = Quader.

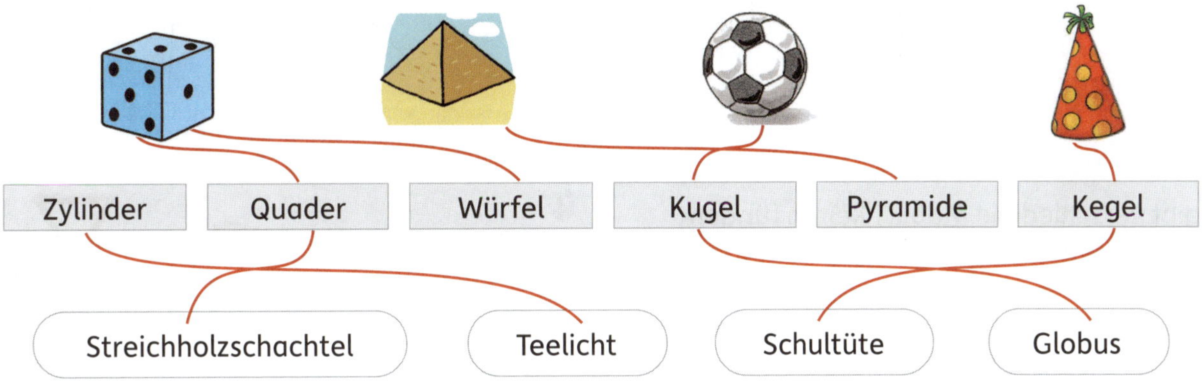

2 Kegel; Kugel; Quader; Zylinder

3 Würfel von der Seite; vierseitige Pyramide von unten; Kegel von unten; ~~Kegel von der Seite~~; Zylinder von oben; ~~Pyramide von der Seite~~

jede richtige Farbe oder jeder Strich = 1 P

4

5

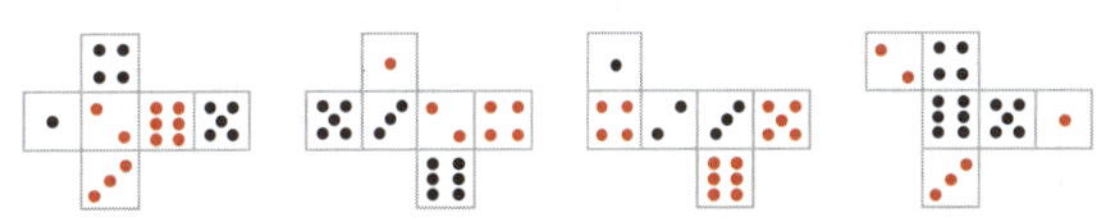

6

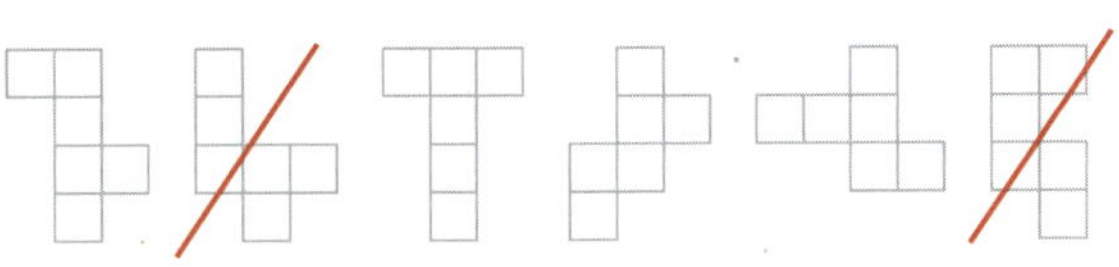

jedes richtig angekreuzte oder nicht angekreuzte Netz = 1/2 P

7

8

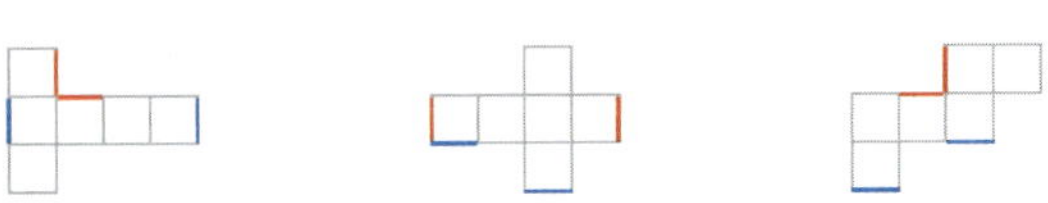

9 Wie viele kleine Würfel braucht er noch? 20 Würfel
(So erhält er einen Würfel, der 3 Würfel breit, 3 hoch und 3 lang ist.)
Aus wie vielen kleinen Würfeln besteht dann der große Würfel? 27 Würfel

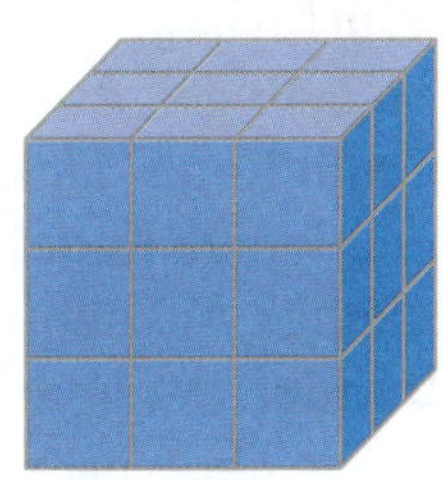

Möglich wären auch größere Würfel, zum Beispiel:
Er braucht noch 57 Würfel. Der große Würfel besteht aus 64 kleinen Würfeln.
Er braucht noch 118 Würfel. Der große Würfel besteht aus 125 kleinen Würfeln.

Punkte	35-33	32,5-28	27,5-22,5	22-17,5	17-10,5	10-0
Note	1	2	3	4	5	6

11. Raumvorstellung, rechte Winkel, Ansichten, Körperformen

1 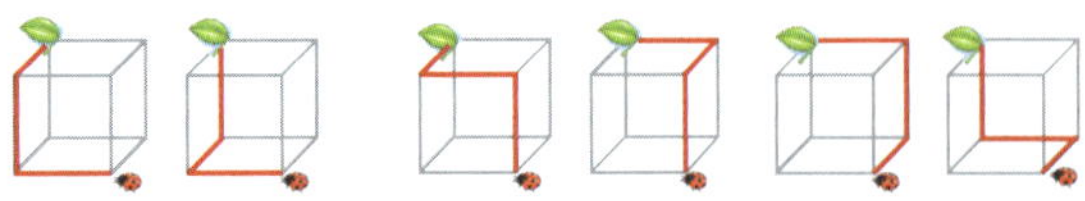

3 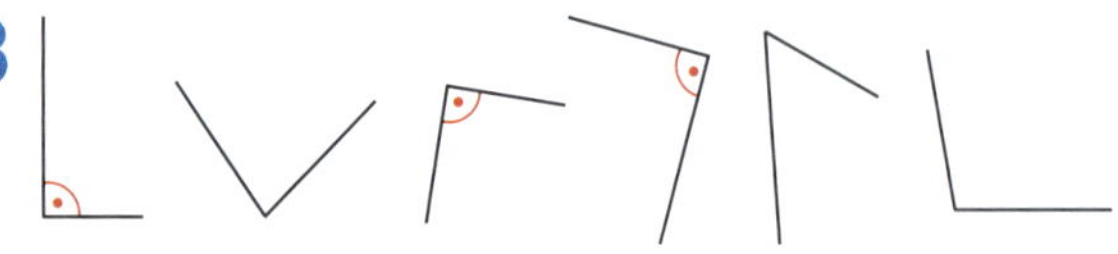

2 Es gibt verschiedene Möglichkeiten für den Weg des Käfers, aber es sind immer 8 Kanten:

z. B.: A B F E A D C G H; A E F B A D C G H;
A B C D A E F G H; A D C B A E F G H

R: 8 · 2 cm = 16 cm

A: Der Käfer krabbelt insgesamt 16 cm.

4 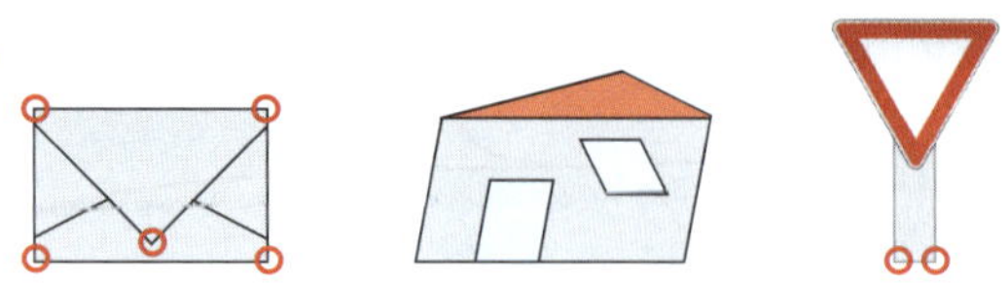

5 rechte Winkel | 0 rechte Winkel | 2 rechte Winkel

5 Bei einem Würfel gibt es ◯ 8, ◯ 16, ⊗ 24, ◯ 32 rechte Winkel. 1P

Bei einem Dreieck kann es ⊗ 0, ⊗ 1, ◯ 2, ◯ 3 rechte Winkel geben. 1P

ein falsches oder ein fehlendes Kreuz pro Zeile = 1/2P, zwei oder mehr Fehler = 0P

6
- ⊗ Die Fläche ist kein Rechteck. (Richtig, denn es gibt keine rechten Winkel!)
- ◯ Es gibt vier rechte Winkel. (Falsch: Es sind keine rechten Winkel!)
- ⊗ Gegenüberliegende Seiten sind gleich lang. (Richtig: Miss nach!)
- ◯ Die Fläche hat Symmetrieachsen. (Falsch!)
- ◯ Die Fläche kann eine Außenfläche eines Quaders sein. (Falsch! Außenflächen eines Quaders sind immer Rechtecke.)

7 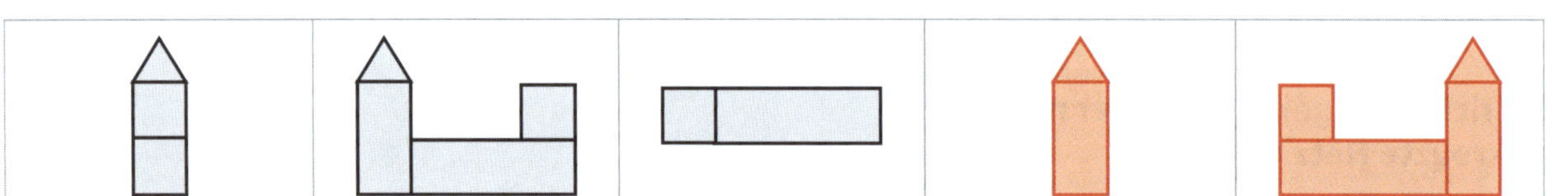

rechts	vorne	unten	**links**	**hinten**

8 Ein **roter Würfel** liegt rechts neben einem stehenden **gelben Zylinder**. Auf diesem Zylinder befindet sich ein **blauer Kegel**. Links neben dem Zylinder liegt eine **schwarze Kugel**, die nur **halb so hoch** ist wie der Zylinder. Auf dem roten Würfel steht ein **brauner Quader**, der genauso breit, aber **doppelt so hoch** ist wie der Würfel.
Wichtig: Es ist ein zusammenhängendes Bauwerk und soll rechts in den Kasten passen. 1/2P

Punkte	**23-21,5**	**21-18**	**17,5-14,5**	**14-11,5**	**11-6,5**	**6-0**
Note	**1**	**2**	**3**	**4**	**5**	**6**

12. Achsensymmetrie

1

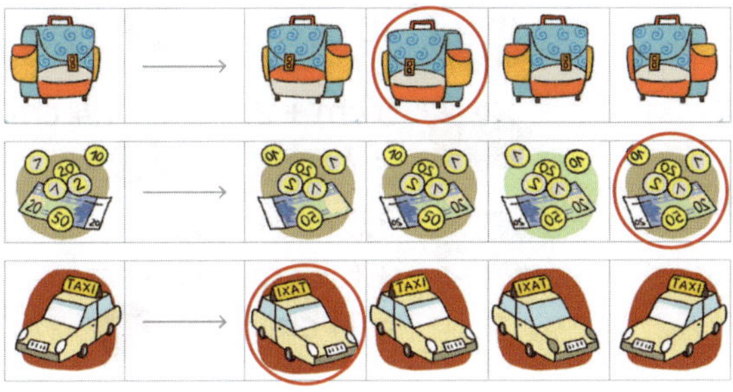

2

pro Bild = 1/2 P, fehlt eine Achse oder ist sie falsch eingezeichnet = 0 P

3

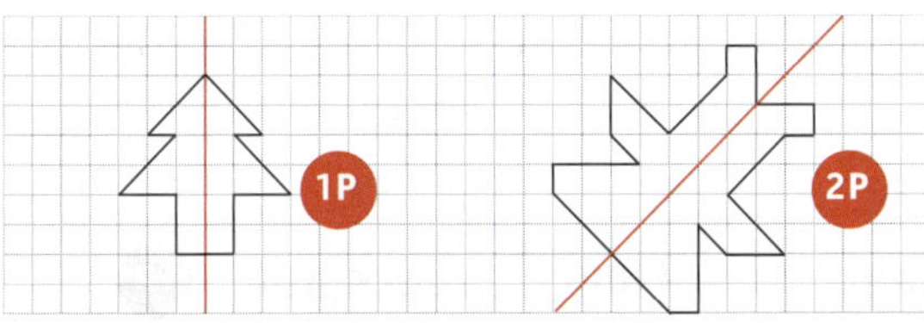

4 EBBE OTTO ANNA DECKE TAT

5 Sie haben **genau eine** Symmetrieachse: A, B, C, D, E, K, M, T, U, V, W, Y.
Sie haben **genau zwei** Symmetrieachsen: H, I, O, X.
Sie haben **keine** Symmetrieachse: F, G, J, L, N, P, Q, R, S, Z.
(Du musst nur jeweils zwei Buchstaben genannt haben.)

6

jede Farbe = 1P

7

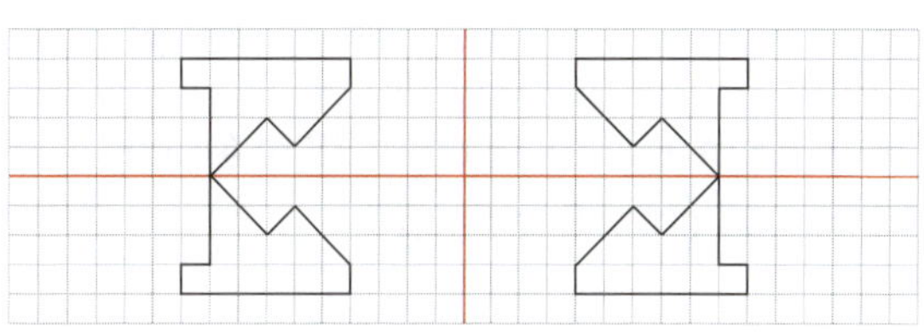

8

Punkte	25-23,5	23-20	19,5-16	15,5-12,5	12-7,5	7-0
Note	1	2	3	4	5	6

13. Längenmaße

1

46 cm | 4,6 m | 33 mm | 26 m | 16 cm

2

10 cm 5 mm 1P

5 cm + 2,4 cm = 7,4 cm
= 7 cm 4 mm 2P

3,2 cm + 1,6 cm
+ 6,7 cm = 11,5 cm
= 11 cm 5 mm 2P

3a 5 cm 2 mm	
b 38 mm	
c 100 mm	

4

8 cm 8 mm | 88 mm | 8,8 cm | 0 cm 4mm | 303 mm

88 cm | 2,0 cm | 4 mm | 2 cm

20 mm | 0,4 cm | 30,3 cm | 2 m | 30 cm 3 mm

jede Farbe = 1P

5 12 mm < 8 cm < 80 cm < 1,20 m < 120 m < 8 km **jeder richtige Vergleich (<) = 1/2P**

6

8 m 56 cm	3 m 12 cm	6 m 8 cm	7 m 1 cm	(0 m) 8 cm
856 cm	312 cm	608 cm	701 cm	8 cm
8,56 m	3,12 m	6,08 m	7,01 m	0,08 m

7 2 m 74 cm + 3 m = 5 m 74 cm
26 m 6 cm + 12 m 38 cm = 38 m 44 cm
10 m – 95 cm = 9 m 5 cm

3 m 52 cm + 48 cm = 4 m
50 m + 50 cm = 50,50 m
35,50 m – 2,50 m = 33 m

8 R: halber Meter = 50 cm 1P
132 cm + 50 cm = 182 cm
182 cm – 25 cm = 157 cm 1P
A: Lea ist 157 cm groß.

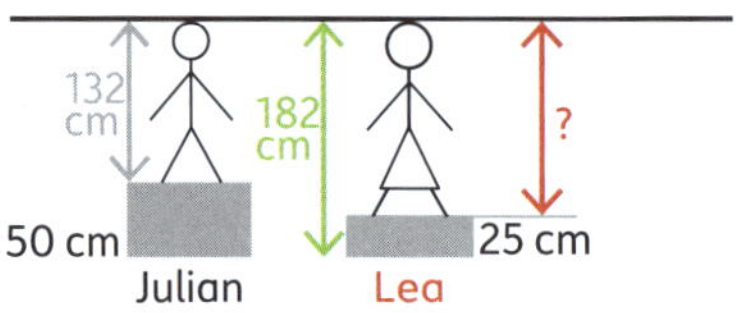

Rechnung = 1P

9 R: 90 cm – 20 cm = 70 cm = 0,7 m (Maus) 1P
0,7 m + 1,30 m = 2,0 m (Heuschrecke) 1P
8 m 95 cm = 8,95 m (Mensch) 1/2P
8 m 95 cm + 7 m 5 cm = 16 m (Schneeleopard) 1P

Maus	Eichhörnchen	Heuschrecke	Mensch	Schneeleopard
0,7 m	**0,9 m**	2,0 m	8,95 m	16 m

Punkte	**34-32**	**31,5-27**	**26,5-22**	**21,5-17**	**16,5-10**	**9,5-0**
Note	**1**	**2**	**3**	**4**	**5**	**6**

14. Gewichte

1

	1 kg	500 g	200 g	100 g	50 g	20 g	10 g	5 g	2 g	1 g
837 g		✗	✗	✗		✗	✗	✗	✗	
1 kg 535 g	✗	✗				✗	✗	✗		
1 703 g	✗	✗	✗						✗	✗

2 1045 g (<) 104 kg   1000 g (<) 9 kg   3 kg 479 g (<) 3 kg 497 g

5 kg 78 g (>) 578 g   2 000 g (=) 2 kg   55 kg (>) 5 kg 5 g

3 720 g + 280 g = 1 kg   8 kg 500 g + 1 kg 500 g = 10 kg

90 g + 910 g = 1 kg   150 g + 9 kg 850 g = 10 kg

4a 360 g   600 g   1000 g

b R: 600 g + 600 g = 1200 g (1P) = 1 kg 200 g (1P)

A: Zwei Netze wiegen zusammen 1 kg 200 g.

c R: 3 Bananen → 360 g

1 Banane → 360 g : 3 = 120 g (1P)

4 Bananen → 4 · 120 g = 480 g (1P)

A: 4 Bananen wiegen zusammen 480 g.

5 Marie: 24 kg   Paul: 21 kg   Sarah: 28 kg   Ben: 12 kg

6a

Gewicht:	bis 1 kg	1 kg 1 g bis 2 kg	2 kg 1 g bis 3 kg	3 kg 1 g bis 4 kg	...	6 kg 1 g bis 7 kg
Preis:	4 €	2 · 4 € = 8 €	3 · 4 € = 12 €	4 · 4 € = 16 €	...	7 · 4 € = 28 €

b

```
  4 5 0 g
  4 5 0 g
+ 1 8 0 g
  1
---------
1 0 8 0 g = 1 kg 8 0 g
```

1 0 8 0 g ist mehr als 1 kg, aber weniger als 2 kg.

→ Bis zu 2 kg kosten die Bücher 8 €.

A: Die Bücher wiegen insgesamt 1 kg 80 g. Julia muss 8 € bezahlen.

c ◯ 8 kg 900 g   ⊗ 9 kg 500 g   ◯ 950 g   ⊗ 10 kg   ⊗ z. B. 9 kg 999 g

jeder richtige Kreis = (1/2 P)

7

```
  8 5 kg (Vater)
  6 9 kg (Mutter)
  5 8 kg (Edon)
  3 5 kg (Yara)
+ 3 5 kg (Esra)
  3
----------
2 8 2 kg (Familie) (1P)
```

8 5 kg – 1 6 kg = 6 9 kg (1P)

```
  3 0 0 kg
– 2 8 2 kg
----------
    1 8 kg (1P)
```

A: Hund Beppo wiegt 18 kg.

Punkte	**35-33**	**32,5-28**	**27,5-22,5**	**22-17,5**	**17-10**	**9,5-0**
Note	**1**	**2**	**3**	**4**	**5**	**6**

15. Informationen entnehmen/Sachaufgaben

1a
- ◯ Wie viele Mädchen gibt es in der Klasse?
- ⊗ Wann kommt die Klasse im Museum an?
- ⊗ Wie viel kostet der Eintritt für alle Kinder zusammen?
- ◯ Wie viele Informationsschilder liest Emma?
- ◯ Um wie viel Uhr verlässt die Klasse das Museum?
- ⊗ Wie lange dauert der Ausflug insgesamt?

b R: Kosten insgesamt für 22 Kinder, Lehrerin ist kostenlos: 22 · 2 € = 44 € (1P)
Sie bezahlt mit einem 50-€-Schein: 50 € – 44 € = 6 € (1P)

A: Die Lehrerin bekommt 6 € zurück.

2

20 : 5 €	20 € · 5 €	20 € + 5 €	20 € : 5	20 · 5 €	20 € – 5 €

3a b c

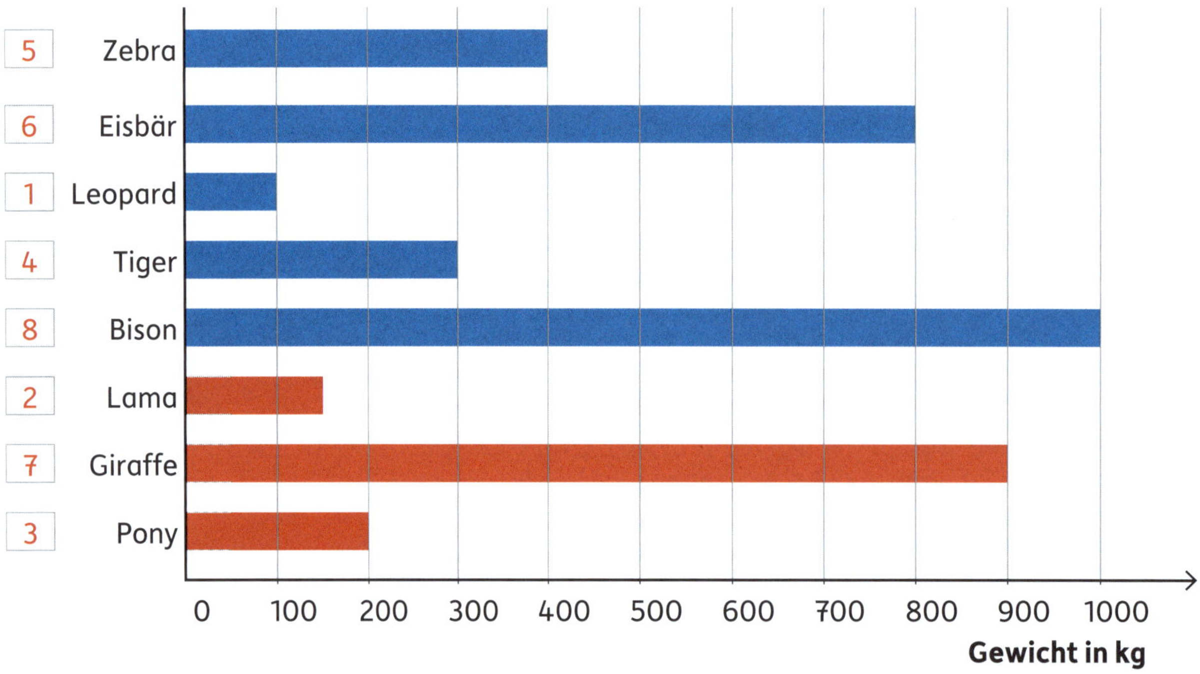

Zebra	Eisbär	Leopard	Tiger	Bison	Lama	Giraffe	Pony
400 kg	800 kg	100 kg	300 kg	1000 kg	150 kg	900 kg	200 kg

4 ● (rot) ist schwerer als → ● (grün) ist schwerer als → ● (blau) ist schwerer als → ● (schwarz)

Punkte	**22,5-20,5**	**20-17**	**16,5-13,5**	**13-11**	**10,5-6**	**5,5-0**
Note	**1**	**2**	**3**	**4**	**5**	**6**

16. Informationen entnehmen/Sachaufgaben

1 Wie viel Geld hat Joel jetzt insgesamt?
Wie viel Geld fehlt Joel noch? **oder**: Reicht sein Geld jetzt schon für das Auto?

2a
- (X) 12 Kinder geben an, dass sie in ihrer Freizeit gerne ihre Freunde treffen.
- ( ) Sechs Kinder der Klasse hören in ihrer Freizeit gerne Musik.
- (X) Doppelt so viele Kinder spielen lieber drinnen als draußen.
- (X) Alle Kinder der Klasse sehen in ihrer Freizeit gerne fern.
- ( ) Lesen und Fußballspielen werden als Hobbys gleich oft genannt.
- (X) 13 Kinder der Klasse geben Lesen nicht als Hobby an, das sie gerne machen.

(Insgesamt gibt es 21 Kinder in der Klasse; 8 Kinder davon lesen gerne. 21 – 8 = 13
13 Kinder geben Lesen nicht als Hobby an.)

b

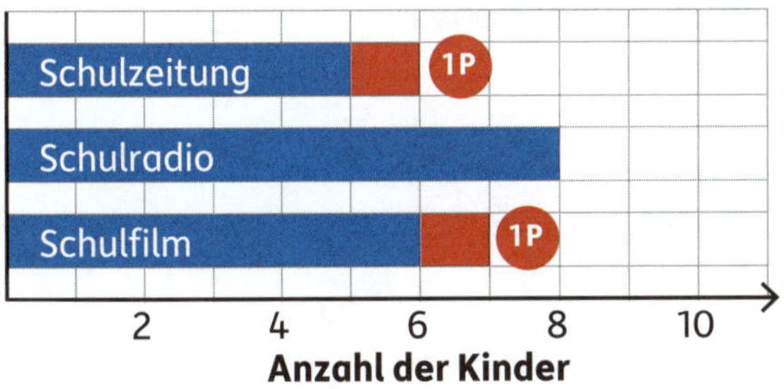

Fehler: Nicht 5, sondern 6 Kinder belegen das Projekt Schulzeitung.
Insgesamt gibt es 21 Kinder in der Klasse:
6 (Schulzeitung) + 8 (Schulradio) = 14
21 (Kinder insgesamt) – 14 = 7 (Schulfilm)
Nicht 6, sondern 7 Kinder wählen das Projekt Schulfilm.

3 Eintrittspreis mit Einzelpreisen für die ganze Familie:
13 € + 13 € + 4,50 € + 4,50 € + 4,50 € = 39,50 € (1P)
Marius muss noch nichts bezahlen: Er ist erst 3 Jahre alt.

Die Familie kauft eine große Familienkarte und bezahlt somit nur 30,00 €.
Sie sparen:
39,50 € – 30,00 € = 9,50 € (1P) **Rechnung jeweils = 1P**

A: Die Familie spart 9,50 €.

4 R: **Schneeeule**: 28 Jahre
Taube: 28 Jahre : 2 = 14 Jahre (1P)
Papagei: 28 Jahre + 14 Jahre = 42 Jahre (1P) 2 · 42 Jahre = 84 Jahre (1P)
A: Die Taube kann 14 Jahre alt werden, der Papagei kann 84 Jahre alt werden.

Punkte	18-17	16,5-14	13,5-11,5	11-9	8,5-5	4,5-0
Note	1	2	3	4	5	6

17. Knobeln, Kombinieren und Wahrscheinlichkeiten

1a 456 < 465 < 546 < 564 < 645 < 654

b 223 < 232 < 322

jede richtige Zahl = 1P

Zieh dir für jede falsche Zahl oder jeden falschen Vergleich 1P ab.

2

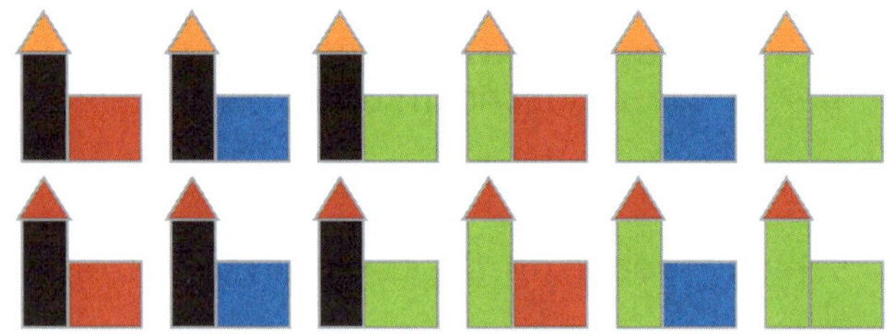

Die Reihenfolge ist egal. **jede Kirche = 1/2 P**

3 (2) (3) (4) (5) Die Reihenfolge ist egal! **jede richtige Kugel = 1P**

1. Nur die Zahlen 2, 3, 4 und 5 können vorkommen. Mehrfach dürfen Zahlen nicht dabei sein.
2. Die Kugel mit der Zahl 2 darf nicht grün angemalt werden.
3. Das Wort **wahrscheinlich** bedeutet, dass die meisten, aber nicht alle Kugeln grün sind: Bei 4 Kugeln sind somit 3 Kugeln grün. (Wenn alle Kugeln grün wären, wäre es nicht wahrscheinlich, sondern es wäre sicher, dass du eine grüne Kugel ziehst.)
4. Eine Kugel muss blau sein. Auf ihr steht die Zahl 2.

4a
- [x] Richtig, da die meisten Bauklötze grün sind!
- [x] Richtig, da ein roter Bauklotz dabei ist!
- [ ] Falsch: Es sind 2 blaue Bauklötze dabei, so ist es möglich (nicht unmöglich), dass der unterste und der oberste Bauklotz blau sind.
- [ ] Falsch, da keine 10 grünen Bauklötze da sind!
- [ ] Falsch! Sicher kann der oberste Bauklotz nur grün sein, wenn alle Bauklötze, die verbaut werden, grün sind.
- [x] Richtig, da ein roter Bauklotz dabei ist! Er kann an der 3. Stelle sein.

b Es ist unmöglich, dass die ersten beiden Bauklötze rot sind.

Es ist sicher, dass der unterste Bauklotz blau, rot oder grün ist.

Es ist möglich/unwahrscheinlich, dass zwei blaue Klötze direkt übereinander liegen.

5a Sie muss mindestens 3 Socken herausnehmen. Bei 3 Socken sind auf jeden Fall 2 blaue oder 2 rote Socken dabei.

b Sie muss mindestens 6 Socken herausnehmen.
z. B. 4 Socken = könnten nur rot sein
5 Socken = könnten 4-mal rot sein und 1-mal blau.
6 Socken = könnten 4-mal rot und 2-mal blau sein. So ist sicher ein blaues Paar dabei.

c Sie darf höchstens 1 Socke herausnehmen. Wenn sie 2 herausnimmt, könnten es schon 2 rote sein.

Punkte	30-28	27,5-24	23,5-19,5	19-15	14,5-9	8,5-0
Note	1	2	3	4	5	6

18. Schriftliches Rechnen

1

190 + 200 = 390	780 − 240 = 540	150 + 90 = 240
250 + 430 = 680	320 − 230 = 90	553 − 60 = 493
750 + 180 = 930	689 − 90 = 599	179 + 43 = 222

2

530 + 79 = 609	<	629	875 − 125 = 750	<	850	375	>	257 + 100 = 357
450 − 95 = 355	<	545	890 + 110 = 1000	>	980	475	=	625 − 150 = 475

3

521 + 245 = 766	463 + 336 = 799	827 + 166 = 993 (Übertrag 1)	393 + 508 = 901 (Übertrag 1 1)	245 + 369 = 614 (Übertrag 1 1)
876 − 543 = 333	725 − 402 = 323	523 − 116 = 407	800 − 411 = 389	638 − 269 = 369

Da es in den Lehrplänen unterschiedliche Rechenwege für die Subtraktion gibt (siehe S. 51), wird hier auf alle Merkzahlen oder Zeichen verzichtet.
Rechne so, wie du es in der Schule gelernt hast.

4a 686 + 173 (Übertrag 1) = 859
Der Übertrag zu den Hundertern fehlt.

b 297 + 54 (Übertrag 1 1) = 351
Die 2. Zahl ist verrutscht: Einer stehen nicht unter Einern, Zehner nicht unter Zehnern.

c 430 − 270 = 160
Es wurde + statt − gerechnet.

5 322 km + 250 km + ? = 791 km

322 km + 250 km = 572 km (1P)

791 km − 572 km = 219 km (1P)

A: Sie müssen nach der zweiten Pause noch 219 km fahren.

6

452 (Stufen nach oben) + 452 (Stufen nach unten) (Übertrag 1) = 904 (Stufen insgesamt)

15 (Stufen nach unten) + 15 (Stufen nach oben) (Übertrag 1) = 30 (Stufen zusätzlich)

904 + 30 = 934 (1P) nicht 930! (1P)

Rechnung = 1P

A: Lea hat sich verrechnet: Sie ist insgesamt nicht 930, sondern 934 Stufen gelaufen.

7

120 € + 120 € + 120 € = 360 € (3 Nächte) (1P)

360 € (Übernachtung) + 169 € (Rundfahrt + Eintritt) + 245 € (Essen) (Übertrag 1 1) = 774 € (1P)

774 € − 75 € = 699 € (1P)

Rechnung = je 1/2 P

A: Der Kurzurlaub kostet für die Familie 699 €.

Punkte	**37,5-35,5**	**35-30**	**29,5-24**	**23,5-18,5**	**18-11**	**10,5-0**
Note	**1**	**2**	**3**	**4**	**5**	**6**

19. Schriftliches Rechnen

1

+	500	430	39	125
270	770	700	309	395
385	885	815	424	510

–	150	290	55	105
780	630	490	725	675
555	405	265	500	450

2

420 | 190 | 695 | 230 | 505 | 735

421 | 383 | 763 | 38 | 380 | 418

909 | 90 | 270 | 819 | 180 | 999

3

407 + 381 = 788
642 + 246 = 888
158 + 548 (Übertrag 1 1) = 706
355 + 466 (Übertrag 1 1) = 821
275 + 567 (Übertrag 1 1) = 842

426 – 313 = 113
246 – 68 = 178
534 – 217 = 317
674 – 385 = 289
700 – 398 = 302

4

564 + 284 (Übertrag 1) = 848
677 – 486 = 191
847 – 569 = 278
456 + 189 + 78 + 143 (Übertrag 2 2) = 866

5

702 + 234 = 936
515 + 237 (Übertrag 1) = 752
289 + 559 (Übertrag 1 1) = 848
571 – 127 = 444
409 – 212 = 197

jede Ziffer = 1/2 P

6a Es gibt vier verschiedene Möglichkeiten:

135 + 148 (Übertrag 1) = 283
138 + 145 (Übertrag 1) = 283
148 + 135 (Übertrag 1) = 283
145 + 138 (Übertrag 1) = 283

b 555 + 170 (Übertrag 1) = 725 1P

Rechnung = 1/2 P

Die Zahl heißt: 725.

c 444 – 87 = 357 1P (2. Zahl)
444 + 357 (Übertrag 1 1) = 801 1P
1000 – 801 = 199 1P (3. Zahl)

1. Zahl: 444 2. Zahl: 357 3. Zahl: 199

jede Teilrechnung bei c und d = 1/2 P

d ? + 700 – 120 = 820 Rechne rückwärts:

820 + 120 = 940 1P
940 – 700 = 240 1P

Die Zahl heißt: 240.

Punkte	**45-42**	**41,5-36**	**35,5-29**	**28,5-22,5**	**22-13,5**	**13-0**
Note	**1**	**2**	**3**	**4**	**5**	**6**

20. Kniffliges Rechnen bis 1000

1

Dreieck	außen links	außen rechts	außen unten	innen oben	innen links	innen rechts
1	240	550	610	90	150	460
2	900	470	810	280	620	190
3	300	200	400	50	250	150

2

450 + 80 (=) 580 – 50 — 530 / 530

930 – 740 (<) 460 + 190 — 190 / 650

630 – 250 (>) 490 – 180 — 380 / 310

550 + 170 (>) 880 – 170 — 720 / 710

3

851 – 421 = 430: ◯ 400 ☒ 425 ◯ 450

175 + 435 = 610: ☒ 590 ◯ 650 ◯ 680

4

143 —+11→ 154 —+11→ 165 —+11→ 176 —+11→ 187 —+11→ 198 (1P) —+11→ 209 (1P) **Zahlen auf Pfeil = (1P)**

900 —−10→ 890 —−20→ 870 —−30→ 840 —−40→ 800 —−50→ 750 —−60→ 690 (1P) —−70→ 620 (1P)

5a Die Zahl heißt 524.

b Die Zahl heißt 665.

6

4 · 8 € = 32 € (1/2P)

```
  1 7 9 €
+   3 2 €
  1 1
  2 1 1 €  (1/2P)

  3 0 0 €
– 2 1 1 €
    8 9 €  (1/2P)

    8 9 €
–   1 4 €
    7 5 €  (1/2P)
```

Rechnung = je (1/2P)

(Hier sind verschiedene Rechenwege möglich. Lass dir beim Kontrollieren und Bewerten helfen, wenn du einen anderen Rechenweg gewählt hast.)

A: Das Regal kostet 75 €.

7 F: Wie viel Geld bekommt der Vater zurück?

3 · 3 € = 9 € (1/2P)

```
  3 4, 0 0 € (Jacke)
  3 7, 9 0 € (Schlafsack)
+    9, 0 0 € (Socken)
  2
  8 0, 9 0 € (Ausgaben)  (1P)

  1 0 0, 0 0 € (gibt der Vater)  (1/2P)
–    8 0, 9 0 €
     1 9, 1 0 €  (1P)
```

Rechnung = je (1/2P)

A: Der Vater bekommt 19,10 € zurück.

8

```
   9, 5 0 €
+  9, 5 0 €
   1
 1 9, 0 0 € (Eintritt Erwachsene)  (1/2P)
```

43 € – 19 € = 24 € (Eintritt Kinder) (1/2P)

24 € : 6 € = 4 (Kinder, die mitkommen) (1/2P)

4 (Kinder insgesamt) – 1 (Kind = Jonas) = 3 Geschwister (1/2P)

A: Jonas hat 3 Geschwister.

Punkte	31-29	28,5-24	23,5-19,5	19-15,5	15-9	8,5-0
Note	1	2	3	4	5	6

21. Einmaleins mit Zehnerzahlen

1 3 · 7 = 21   8 · 9 = 72   4 · 9 = 36   6 · 5 = 30   8 · 7 = 56
4 · 8 = 32   7 · 6 = 42   9 · 6 = 54   7 · 7 = 49   6 · 8 = 48

2 (210)   410   (630)   (800)   ((480))   (540)   (160)
(120)   (360)   ((560))   (600)   520   (70)   ((420))

jede vollständig richtige Zahl (kein Kreis, ein Kreis oder zwei Kreise) = 1/2 P

3 44 · 10 = 440   70 · 9 = 630   590 : 10 = 59   180 : 60 = 3
80 · 5 = 400   9 · 50 = 450   120 : 30 = 4   320 : 4 = 80
90 · 7 = 630   7 · 40 = 280   120 : 4 = 30   600 : 6 = 100

4a 90 —·2→ 180 —:30→ 6 —·50→ 300 —:5→ 60 —·7→ 420

b 80 —:4→ 20 —·8→ 160 —:4→ 40 —·3→ 120 —:2→ 60

5 Alle Möglichkeiten: 1 · 240; 2 · 120; 3 · 80; 4 · 60; 5 · 48; 6 · 40; 8 · 30; 10 · 24; 12 · 20; 15 · 16; 20 · 12; 24 · 10; 30 · 8; 40 · 6; 48 · 5; 60 · 4; 80 · 3; 120 · 2; 240 · 1

6 R: 400 : 2 = 200 1P; 90 : 3 = 30 1P; 4 · 70 = 280 1P; 200 + 30 + 280 = 510 1P
Die Zahl heißt: 510.

7a R: 8 · 60 = 480 1P   480 – 400 = 80 1P
A: 80 Luftballons werden nicht gefüllt.

b R: 30 · ? = 180 → 180 : 30 = 6 → ? = 6 (mal 30 Stück werden gekauft) 1P
30 Stück = 2,00 €   6 · 2 € = 12 € 1P
A: 180 Pappteller kosten 12 €.

c R: 15 € = ? · 3 € → 15 € : 3 € = 5 → ? = 5 (mal 40 Stück) 1P
5 · 40 Stück = 200 Stück (kauft Herr Sparsam neu) 1P
200 (neu) + 100 (vom letzten Jahr) = 200 + 100 = 300 1P
A: Herr Sparsam hat nun 300 Pappbecher.

8 ◯ 80   ◯ 100   ◯ 50   ◯ 70   ☒ 140
140 ist das Doppelte von 70. 140 + 70 = 210.

Punkte	40,5-38	37,5-32	31,5-26	25,5-20	19,5-12	11,5-0
Note	1	2	3	4	5	6

22. Rechnen mit Zeiten

1

10.12 Uhr	1.27 Uhr	11.45 Uhr	7.25 Uhr	12.01 Uhr
22.12 Uhr	13.27 Uhr	23.45 Uhr	19.25 Uhr	0.01 Uhr

2

3

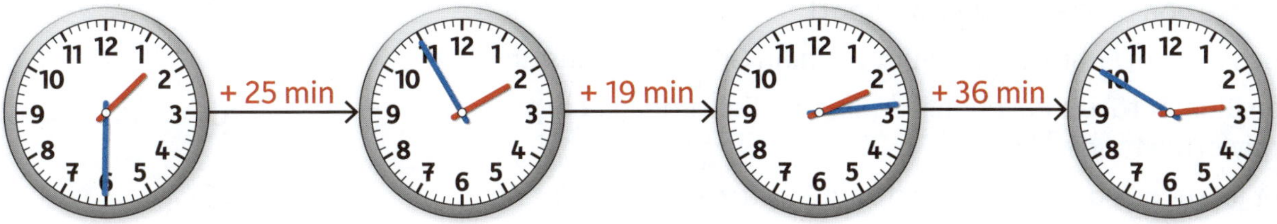

4

Abfahrt	17.00 Uhr	13.20 Uhr	15.55 Uhr	17.50 Uhr
Ankunft	18.30 Uhr	13.45 Uhr	17.05 Uhr	20.20 Uhr
Fahrtdauer	**1 h 30 min**	25 min	1 h 10 min	2 h 30 min

5 2 h = 120 min — eine Viertelstunde = 15 min — 540 s = 9 min
3 h 25 min = 205 min — 420 min = 7 h — 460 min = 7 h 40 min

6a R: 12.55 Uhr —(+ 5 min)→ 13.00 Uhr
13.00 Uhr —(+ 1 h 40 min)→ 14.40 Uhr
12.55 Uhr —(+ 1 h 45 min)→ 14.40 Uhr 1P
A: Familie Flott braucht 1 Stunde 45 Minuten.

b R: 1 h 45 min + 1 h 45 min = 3 h 30 min 1P — 12.55 Uhr —(+ 3 h 30 min)→ 16.25 Uhr 1P
A: Familie Lahm kommt um 16.25 Uhr an. — **Rechnungen insgesamt =** 1P

7 R: 7 min 40 s + 25 s = 8 min 5 s — (halbe Minute = 30 Sekunden)
8 min 5 s + 30 s = 8 min 35 s 1P — **Rechnung =** 1P
A: Heute dauert sein Weg 8 Minuten und 35 Sekunden.

8 R: Mai insgesamt = 31 Tage — 1 Woche + 5 Tage = 12 Tage
28. Mai + 3 Tage = 31. Mai
31. Mai + 9 Tage = 9. Juni 1P
A: Mia hat am 9. Juni Geburtstag.

9 Bus 621: Blumental bis Rosendorf

	1.	2.	3.	4.	5.	6.	7.	8.	9.	
Blumental (ab)	9.00	10.00	11.00	12.00	13.00	14.00	15.00	16.00	17.00	immer 45 min = Dreiviertelstunde
Grünau (ab)	9.10	10.10	11.10	12.10	13.10	14.10	15.10	16.10	17.10	
Tulpach (ab)	9.23	10.23	11.23	12.23	13.23	14.23	15.23	16.23	17.23	
Rosendorf (an)	9.45	10.45	11.45	12.45	13.45	14.45	15.45	16.45	17.45	

a

(Die Farbe zeigt dir, wo du die Lösung im Fahrplan findest.)	richtig	falsch
Diese Buslinie hat die Nummer 612.		X
Nach diesem Fahrplan gibt es an einem Tag neun Verbindungen für die Strecke von Blumental bis Rosendorf.	X	
Nach diesem Fahrplan fährt um 17 Uhr in Grünau ein Bus ab.		X
Von Blumental bis Rosendorf dauert die Fahrt nach Fahrplan immer eine Dreiviertelstunde.	X	
Der letzte Bus an einem Tag fährt in Tulpach um 17.23 Uhr ab.	X	

b R: 11.30 —(+ 40 min)→ 12.10

Der nächste Bus fährt um 12.10 (1P) Uhr ab. Hanna muss 40 (1P) Minuten warten.

c R: 16.23 (Tulpach) —(+ 22 min)→ 16.45 (Ankunft ohne Verspätung)

16.45 —(+ 7 min)→ 16.52 (Ankunft mit Verspätung)

= 29 min

A: Lena ist 29 (1P) Minuten unterwegs. Um 16.52 (1P) Uhr kommt sie an.

d A: Um 12.10 Uhr fährt in Grünau ein Bus ab, aber er fährt nicht Richtung Blumental, sondern in die andere Richtung über Tulpach nach Rosendorf. Nach 10 Minuten ist der Bus kurz vor Tulpach und nicht in Blumental.

Punkte	**39,5-37,5**	**37-31,5**	**31-25,5**	**25-20**	**19,5-11,5**	**11-0**
Note	**1**	**2**	**3**	**4**	**5**	**6**

23. Kreuz und quer durch die 3. Klasse

1

4 · 5 = 20	18 : 3 = 6	63 : 7 = 9	42 : 6 = 7	9 · 9 = 81
2 · 8 = 16	6 · 6 = 36	6 · 8 = 48	7 · 8 = 56	64 : 8 = 8

2

453	541	761	321
+ 269	− 276	− 304	447
			+ 152
722	265	457	920

(Überträge: 11 bei der 1. Aufgabe, 11 bei der 4. Aufgabe)

3a 10 —+ 10→ 20 —+ 20→ 40 —+ 40→ 80 —+ 80→ 160 (1/2 P) —+ 160→ 320 (1/2 P)

oder: 10 —·2→ 20 —·2→ 40 —·2→ 80 —·2→ 160 —·2→ 320

b 1000 —− 100→ 900 —− 10→ 890 —− 100→ 790 —− 10→ 780 —− 100→ 680 (1/2 P)

Rechnungen auf Pfeilen bei a und b jeweils = 1 P

4a ○ 884 ⊗ 784 ⊗ 763 ○ 748 ⊗ 721 ○ 710

1 Fehler = 1/2 P **2 oder mehr Fehler = 0 P**

b ... hat drei gleiche Ziffern. Sie ist ungerade und kleiner als 300. Die Zahl heißt: 111.
Zahlen mit 3 gleichen Ziffern: 111, 222, 333 ... + kleiner als 300: 111, 222 + ungerade Zahl: 111
(Ungerade Zahlen enden auf 1, 3, 5, 7 oder 9. So kann 222 nicht stimmen.)

c 840 : 2 = 420 (1. Zahl ist doppelt so groß wie 2. Zahl → 2. Zahl ist halb so groß wie 1. Zahl) 1 P
420 + 99 = 519 (2. Zahl ist um 99 kleiner als 3. Zahl → 3. Zahl ist um 99 größer als 2. Zahl) 1 P
Die drei Zahlen: 1. Zahl: 840 2. Zahl: 420 3. Zahl: 519

5 R: ? + 22 + 2 + 6 = 46 1 P ? + 30 = 46 ? = 46 – 30 ? = 16 1 P
A: 16 Personen waren an der Schulhaltestelle schon im Bus.

6 F: Wie lange muss die Klasse warten, bis das Museum öffnet?
R: 8.52 Uhr —+ 15 min (Viertelstunde zu Fuß)→ 9.07 Uhr (Ankunft am Museum) 1 P
9.07 Uhr —+ 23 min→ 9.30 Uhr (Öffnung des Museums) 1 P
A: Die Klasse muss 23 Minuten warten.

7 R: 22 · 3 € = 66 € (Kosten für Kinder insgesamt) 1 P
74 € – 66 € = 8 € (Kosten für 2 Lehrerinnen) 1 P
8 € : 2 = 4 € (Eintritt für 1 Erwachsenen) 1 P
A: Der Eintritt für einen Erwachsenen beträgt 4 €.

8 R: ? (Frau Maler) + 1 m 50 cm (eineinhalb Meter größer 1/2P) + 10 m (Leiter) = 13 m (Dino)
? + 11 m 50 cm = 13 m → ? = 13 m – 11 m 50 cm → ? = 1 m 50 cm 1P **Rechnung = 1P**

A: Frau Maler ist 1 m 50 cm groß.

9a Wie viel Geld hat Sara? Sara hat 6,24 €. (Beachte: 100 ct = 1 €)

b

	A		B		B		D
A	3, 3 0 €	B	2, 9 5 €	B	2, 9 5 €	D	1, 9 9 €
D	+ 1, 9 9 €	D	+ 1, 9 9 €	E	+ 3, 1 5 €	E	+ 3, 1 5 €
	1		1 1		1 1		1 1
	5, 2 9 €		4, 9 4 €		6, 1 0 €		5, 1 4 €

Sara könnte jeweils folgende zwei Dinofiguren kaufen:
A + D, B + D, B + E, D + E **jedes Paar = 1P**

10

Anzahl	1	2	3	4	7	8
Preis	40 ct/ 0,40 €	0,80 €	120 ct = 1,20 €	1,60 €	280 ct / 2,80 €	320 ct / 3,20 €

1,60 € = 160 ct; 160 ct : 4 = 40 ct (1 Dino) **oder:** 0,80 € = 80 ct; 80 ct : 2 = 40 ct
3 • 40 ct = 120 ct (= 1,20 €)
7 • 40 ct = 280 ct (= 2,80 €)
8 • 40 ct = 320 ct (= 3,20 €)

11

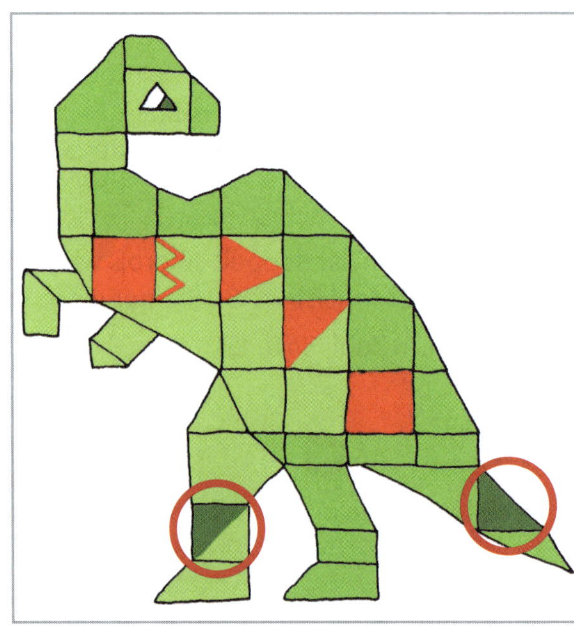

12 Den Kindern gefällt das Museum sehr. Ben erzählt begeistert: „Wusstet ihr, dass der größte Dino, der jemals gefunden wurde, vom Kopf bis zum Schwanz 40 m lang war und wohl so viel wie 14 Elefanten gewogen hat? Ich wiege nur 31 kg und bin 1,35 m groß." – „Meine Maus ist dagegen ein Zwerg: Mit dem Schwanz ist sie 15 cm lang und nur 30 g schwer!", meint Julius. „Schaut mal", ruft Hanna, „ich habe mir zwei Dinosticker gekauft. Sie waren aber teuer:
Der eine hat 1,49 € gekostet und der andere sogar noch 30 ct mehr."
Nach 3 h macht sich die Klasse wieder auf den Heimweg. Die 8 km lange Strecke zurück zur Schule dauert mit dem Bus nur 15 min. So ein toller Ausflug!

Punkte	**46-43**	**42,5-36,5**	**36-29,5**	**29-23**	**22,5-13,5**	**13-0**
Note	**1**	**2**	**3**	**4**	**5**	**6**

Einmaleins-Puzzle

Schneide unten die Puzzleteile aus.
Rechne nun die Aufgaben oben aus und lege das Puzzleteil mit dem richtigen Ergebnis darauf. Wenn alles stimmt, klebe sie auf.
Welches Tier siehst du?

30 · 5	480 : 60	60 · 7	350 : 7	6 · 60	80 · 8
400 : 80	30 · 7	6 · 90	500 : 50	10 · 80	70 : 70
630 : 90	180 : 2	4 · 40	490 : 7	1000 : 10	9 · 90
560 : 7	2 · 60	300 : 50	80 · 9	50 · 5	200 : 50

Hier ausschneiden! Die Ergebnisse sind auf der Rückseite!

6	420	160	810	250	8
640	10	4	7	5	120
90	80	360	800	720	50
70	540	1	150	100	210

5 Die 4 Geschwister vergleichen ihr Körpergewicht. Das haben sie herausgefunden: Marie ist 3 kg schwerer als Paul, aber 4 kg leichter als Sarah. Ben ist halb so schwer wie Marie. Sarah wiegt 28 kg. Ergänze:

Marie: ______ kg Paul: ______ kg Sarah: ______ kg Ben: ______ kg ☐ / 4

6 Auf einem Flohmarkt werden Bücher zu Kilopreisen verkauft.
Jedes angefangene Kilogramm kostet 4 €. Ergänze die folgende Tabelle.

a

Gewicht:	bis 1 kg	1 kg 1 g bis 2 kg	2 kg 1 g bis 3 kg	3 kg 1 g bis 4 kg	...	6 kg 1 g bis 7 kg
Preis:	4 €	8 €	€	€	...	€

☐ /1,5

b Julia kauft zwei dicke Abenteuerbücher, die jeweils 450 g wiegen. Außerdem noch ein Taschenbuch, das 180 g wiegt. Wie viel wiegen die Bücher insgesamt? (Gib das Ergebnis in kg und g an.) Wie viel muss Julia bezahlen?

☐ / 2

A: ______________________________ ☐ /0,5

c Tim hat 40 € bezahlt. Wie schwer können die Bücher insgesamt gewesen sein, die er gekauft hat? Kreuze passende Antworten an. Ergänze selbst eine weitere.

◯ 8 kg 900 g ◯ 9 kg 500 g ◯ 950 g ◯ 10 kg ⊗ ______ ☐ /2,5

7 Familie Cakmak stellt sich gemeinsam auf eine große Waage: Der Vater wiegt 85 kg, die Mutter 16 kg weniger. Edon wiegt 58 kg, Yara und Esra wiegen jeder 35 kg. Esra meint: „Wenn wir noch Beppo, unseren Hund, mit auf die Waage stellen, wiegen wir alle zusammen genau 300 kg." Wie viel wiegt der Hund?

☐ / 3

A: ______________________________ ☐ /0,5

Von 35 Punkten hast du ______ erreicht.

15. Informationen entnehmen/Sachaufgaben

1 **Klassenausflug:** Die 22 Jungen und Mädchen der Klasse 3c machen heute einen Ausflug. Um 8 Uhr laufen sie los. Eine halbe Stunde später kommen sie am Museum an. Der Eintritt kostet für jedes Kind 2 €; für die Lehrerin ist der Eintritt kostenlos. Sie bezahlt den Eintritt für die Kinder an der Kasse mit einem 50-€-Schein.
Im Museum zählt Emre 47 Informationsschilder, aber nur 14 davon liest er. Besser gefallen ihm die Teile des Museums, in denen er etwas selbst ausprobieren kann. Die Zeit vergeht schnell. Nach dem Museumsbesuch machen sie noch eine Pause auf einem Spielplatz. Um 13 Uhr ist der Ausflug vorbei.

a **Kreuze nur die Fragen an, die du mit Hilfe des Textes berechnen und beantworten könntest. Ausrechnen musst du hier nichts.**

- ◯ Wie viele Mädchen gibt es in der Klasse?
- ◯ Wann kommt die Klasse im Museum an?
- ◯ Wie viel kostet der Eintritt für alle Kinder zusammen?
- ◯ Wie viele Informationsschilder liest Emma?
- ◯ Um wie viel Uhr verlässt die Klasse das Museum?
- ◯ Wie lange dauert der Ausflug insgesamt?

☐ / 6

b **Berechne und beantworte die folgende Frage:**

F: Wie viel Geld bekommt die Lehrerin an der Kasse zurück?

R: ______________________________ ☐ / 2

A: ______________________________ ☐ /0,5

2 **Welche Rechnung passt zu welcher Aufgabe? Male sie in gleicher Farbe an.**

Herr Benn geht ins Theater. Der Eintritt kostet 20 €. Außerdem kauft er noch ein Programmheft für 5 €.	20 : 5 €
	20 € · 5 €
Oma verteilt 20 € gleichmäßig an ihre 5 Enkelkinder.	20 € + 5 €
Severin hat 20 € in seiner Hosentasche. Leider verliert er davon auf dem Weg zur Schule einen 5-€-Schein.	20 € : 5
	20 · 5 €
Die 20 Kinder der Klasse 3b gehen ins Kino. Der Eintritt kostet für jedes Kind 5 €.	20 € – 5 €

☐ / 4

3 Tierische Gewichte. Lies die Gewichte im Balkendiagramm ab und trage sie unten in die Tabelle ein.

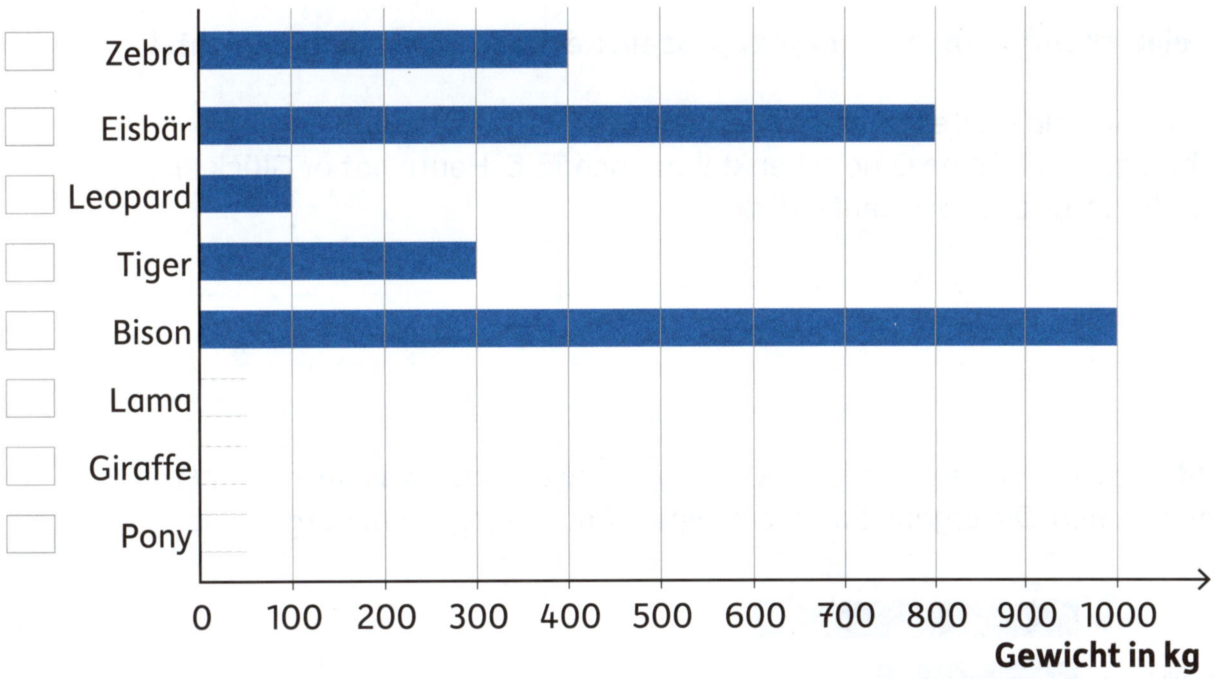

a

Zebra	Eisbär	Leopard	Tiger	Bison	Lama	Giraffe	Pony
kg	kg	kg	kg	kg	kg	kg	kg

/2,5

b Zeichne die Gewichte der fehlenden Tiere als Streifen in das Balkendiagramm ein und ergänze die Tabelle.

Das Lama wiegt 150 kg. Die Giraffe ist dreimal so schwer wie ein Tiger.
Ein Pony wiegt halb so viel wie ein Zebra.

/2,5

c Ordne die Tiere nach ihrem Gewicht: Schreibe die Zahlen von 1 bis 8 in die Kästchen des Schaubildes vor den Tiernamen. Beginne mit dem leichtesten Tier.

/ 2

4 Schau dir die Waagen an. Male unten die Kugeln mit der jeweils passenden Farbe an: Ganz links ist die schwerste Kugel, ganz rechts die leichteste.

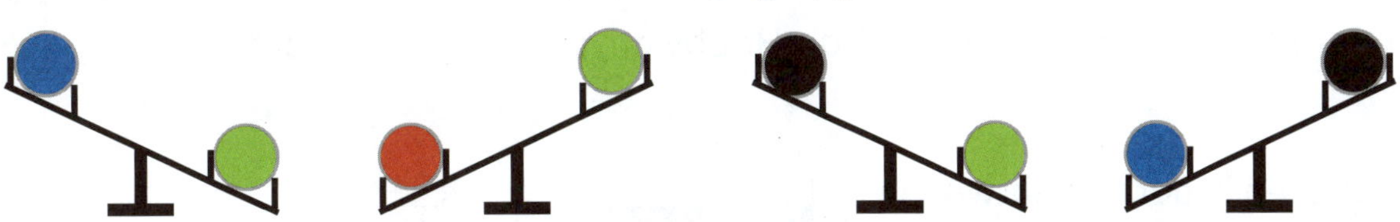

○ ist schwerer als → ○ ist schwerer als → ○ ist schwerer als → ○

/ 3

Von 22,5 Punkten hast du ______ erreicht.

16. Informationen entnehmen/Sachaufgaben

1 **Finde <u>zwei</u> Rechenfragen, die zum Text passen. Rechnen musst du hier nichts!**

Joel möchte sich ein großes ferngesteuertes Auto für 100 € kaufen. 34,80 € hat er schon gespart. Seine Oma schenkt ihm noch 15 €. Heute hat er Glück und findet auf der Straße ein 50-Cent-Stück.

____

____ ☐ / 2

2a **Schaubild**: Die 21 Kinder einer dritten Klasse wurden gefragt, was sie in ihrer Freizeit gerne machen. Die Ergebnisse sind in einem Balkendiagramm dargestellt.

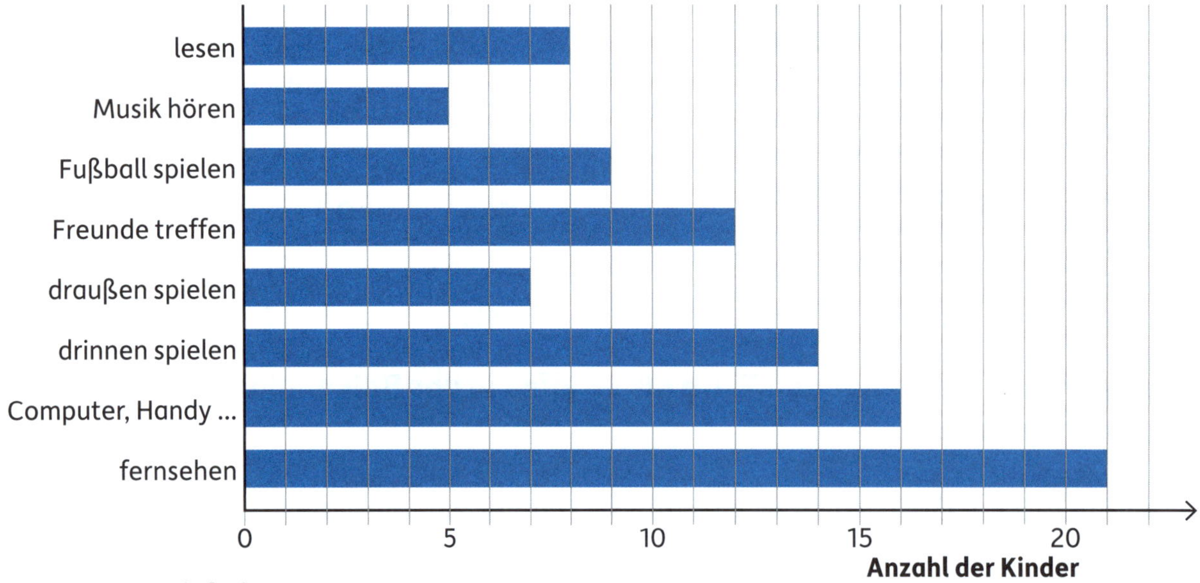

Kreuze nur richtige Aussagen an.

- ◯ 12 Kinder geben an, dass sie in ihrer Freizeit gerne ihre Freunde treffen.
- ◯ Sechs Kinder der Klasse hören in ihrer Freizeit gerne Musik.
- ◯ Doppelt so viele Kinder spielen lieber drinnen als draußen.
- ◯ Alle Kinder der Klasse sehen in ihrer Freizeit gerne fern.
- ◯ Lesen und Fußballspielen werden als Hobbys gleich oft genannt.
- ◯ 13 Kinder der Klasse geben Lesen nicht als Hobby an, das sie gerne machen. ☐ / 6

b Die 21 Kinder dürfen in der Projektwoche eins von drei Projekten wählen:
8 Kinder wählen das Projekt Schulradio, 6 die Schulzeitung und die übrigen das Projekt Schulfilm.
Das Diagramm stimmt nicht. Verbessere!

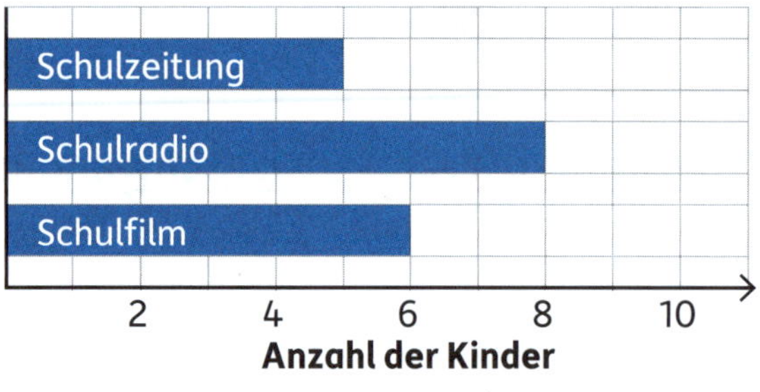

☐ / 2

3 Frau und Herr Schmidt gehen heute mit ihren Kindern in den Zoo. Ihre Söhne Ben und Marius sind 12 und 3, die Töchter Karla und Antonia sind 7 und 8 Jahre alt.

Eintrittspreise

Erwachsene	13,00 €
Kinder (4–14 Jahre)	4,50 €
Kleine Familienkarte:	
ein Elternteil und ihre/seine Kinder (4–14 Jahre)	17,00 €
Große Familienkarte:	
Eltern und deren Kinder (4–14 Jahre)	30,00 €

▶ Wie viel <u>spart</u> die Familie, wenn sie nicht für jeden eine eigene Karte bezahlt, sondern für alle zusammen eine passende Familienkarte kauft?

A: ______________________________ /4 /0,5

4 Auf Hinweisschildern findet die Familie Schmidt viele interessante Informationen zu den Tieren. Karla staunt: „Eine Schneeeule kann ungefähr 28 Jahre alt werden. Dagegen wird eine Taube nur halb so alt.“ Der Vater lacht und ruft: „Schaut mal, dieser Papagei kann doppelt so alt werden wie Schneeeule und Taube zusammen!“

▶ Wie alt kann die Taube und wie alt kann der Papagei werden?

A: ______________________________ /3

______________________________ /0,5

Von 18 Punkten hast du ______ erreicht.

17. Knobeln, Kombinieren und Wahrscheinlichkeiten

1 **Justus würfelt mit drei Würfeln. Aus seinem Wurf legt er verschiedene dreistellige Zahlen. Finde jeweils alle möglichen Zahlen, die er legen kann, und schreibe die Zahlen der Größe nach auf. Beginne jeweils mit der kleinsten Zahl.**

a 

456 < ______________________________

b 

______________________________ / 8

2 **Tim baut aus drei Bauklötzen eine Kirche. Die folgenden Bausteine hat er dafür:**

Male die Kirchen in allen verschiedenen Möglichkeiten an, die Tim hat.

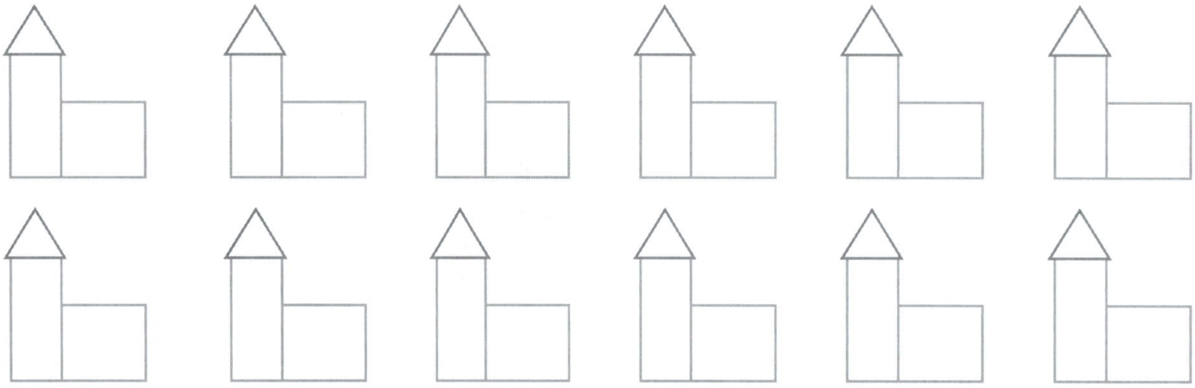

/ 6

3 **In einem Säckchen stecken vier Kugeln. Zu allen Kugeln zusammen passen die folgenden vier Aussagen. Schreibe jeweils eine passende Zahl auf jede Kugel und male jede mit der passenden Farbe an. Die Reihenfolge ist egal.**

- Auf jeder Kugel steht eine andere Zahl, die jeweils größer als 1 und kleiner als 6 ist.
- Auf keiner grünen Kugel steht die Zahl 2.
- Wenn du ohne Hinsehen eine Kugel aus dem Säckchen ziehst, ist sie wahrscheinlich grün.
- Es ist unmöglich, eine rote Kugel zu ziehen, aber es ist möglich, dass du eine blaue Kugel herausnimmst.

/ 4

4 **Henrick hat 10 Bauklötze. 7 Bauklötze sind grün, 1 Bauklotz ist rot und 2 Bauklötze sind blau. Aus allen Bauklötze baut er einen Turm. Dafür stellt er alle seine Bauklötze übereinander.**

a Überlege, ob die Aussage stimmt. Kreuze alle richtigen Sätze an.

◯ Es ist wahrscheinlich, dass der unterste Bauklotz grün ist.
◯ Es ist möglich, dass der oberste Bauklotz rot ist.
◯ Es ist unmöglich, dass der unterste und der oberste Bauklotz blau sind.
◯ Es ist möglich, dass der Turm aus 10 grünen Bauklötzen gebaut wird.
◯ Es ist sicher, dass der oberste Bauklotz grün ist.
◯ Es ist möglich, dass der dritte Bauklotz rot ist.

☐ / 6

b Ergänze selbst jeweils eins der folgenden Wörter, sodass die Aussagen stimmen: sicher, wahrscheinlich, möglich, unwahrscheinlich oder unmöglich.

Es ist ____________________, dass die ersten beiden Bauklötze rot sind.

Es ist ____________________, dass der unterste Bauklotz blau, rot oder grün ist.

Es ist ____________________, dass zwei blaue Klötze direkt übereinander liegen.

☐ / 3

5 **Leila hat 4 gleiche blaue und 4 gleiche rote Socken in ihrer Schublade. Im Zimmer ist es dunkel und sie kann die Farben beim Herausnehmen der Socken nicht unterscheiden.**

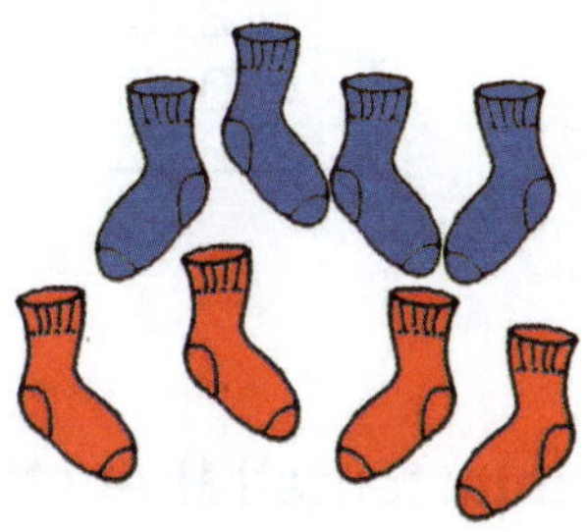

a Wie viele Socken muss sie mindestens herausnehmen, damit sie sicher ein gleichfarbiges Paar hat?

Sie muss mindestens ______ Socken herausnehmen.

b Wie viele Socken muss sie mindestens herausnehmen, sodass sicher ein blaues Paar dabei ist?

Sie muss mindestens ______ Socken herausnehmen.

c Wie viele Socken darf sie höchstens herausnehmen, wenn auf keinen Fall ein rotes Paar dabei sein soll?

Sie darf höchstens ________________ herausnehmen.

☐ / 3

Von 30 Punkten hast du ______ erreicht.

18. Schriftliches Rechnen

1 Rechne im Kopf. Achte auf das Rechenzeichen.

190 + 200 = ______ 780 − 240 = ______ 150 + ______ = 240

250 + 430 = ______ 320 − 230 = ______ 553 − ______ = 493

750 + 180 = ______ 689 − 90 = ______ 179 + ______ = 222

☐ /4,5

2 Vergleiche. Setze <, > oder = ein.

530 + 79 ◯ 629 875 − 125 ◯ 850 375 ◯ 257 + 100

450 − 95 ◯ 545 890 + 110 ◯ 980 475 ◯ 625 − 150

☐ / 6

3 Rechne schriftlich. Denke an Merkzahlen oder Merkzeichen.

	5	2	1				4	6	3				8	2	7				3	9	3				2	4	5
+	2	4	5			+	3	3	6			+	1	6	6			+	5	0	8			+	3	6	9

	8	7	6				7	2	5				5	2	3				8	0	0				6	3	8
−	5	4	3			−	4	0	2			−	1	1	6			−	4	1	1			−	2	6	9

☐ / 10

4 Achtung, Fehlerteufel! Hier stimmt etwas nicht! Rechne die Aufgabe richtig daneben aus. Beschreibe nun darunter den jeweils gemachten Fehler.

a

	6	8	6
+	1	7	3
	7	5	9

b

	2	9	7
+	5	4	
	8	3	7

c

	4	3	0
−	2	7	0
	7	0	0

☐ / 6

Sachaufgaben: Ausflug nach Hamburg

5 Lea fährt mit ihrer Familie von München nach Hamburg. Sie starten morgens gleich um 7 Uhr. Die Strecke ist insgesamt 791 km lang. Nach drei Stunden machen sie eine Pause. Bis hierher haben sie schon 322 km geschafft. Nach weiteren 250 km machen sie eine zweite Pause.

▶ Wie viele Kilometer müssen sie nach der 2. Pause noch bis Hamburg fahren?

/ 2

A: ______________________________ /0,5

6 In Hamburg gibt es die Kirche Sankt Michaelis mit dem hohen Michelturm. Lea und ihre Mutter möchten dort die 452 Stufen hinaufsteigen. Der Vater wartet unten. Nach 15 Stufen merkt Lea, dass sie bei ihrem Vater den Fotoapparat vergessen hat. Sie läuft noch einmal nach unten. Oben genießen sie die Aussicht, bevor sie die Treppe wieder nach unten gehen. Unten sagt Lea zu ihrem Vater: „Jetzt bin ich insgesamt 930 Stufen gelaufen."

▶ Stimmt das? Rechne genau nach.

/ 3

A: ______________________________ /0,5

7 Die Familie will insgesamt drei Nächte in Hamburg bleiben. Die Unterkunft für jede Nacht kostet die Familie 120 €. Für eine Stadtrundfahrt und Eintrittspreise geben sie insgesamt 169 € aus. Für das Essen bezahlen sie insgesamt 245 €. Durch einen Reisegutschein sparen sie 75 €.

▶ Was kostet der Kurzurlaub in Hamburg für die Familie insgesamt?

/4,5

A: ______________________________ /0,5

Von 37,5 Punkten hast du ______ erreicht.

19. Schriftliches Rechnen

1 **Rechne im Kopf: Ergänze alle Lücken.**

+	500	430		
270			309	
385				510

–	150	290		
780				675
555			500	

/ 8

2 **Rechendreiecke: Zähle jeweils zwei Flächen eines Dreiecks zusammen. Schreibe das Ergebnis seitlich dazu. Sieh dir das Beispiel an.**

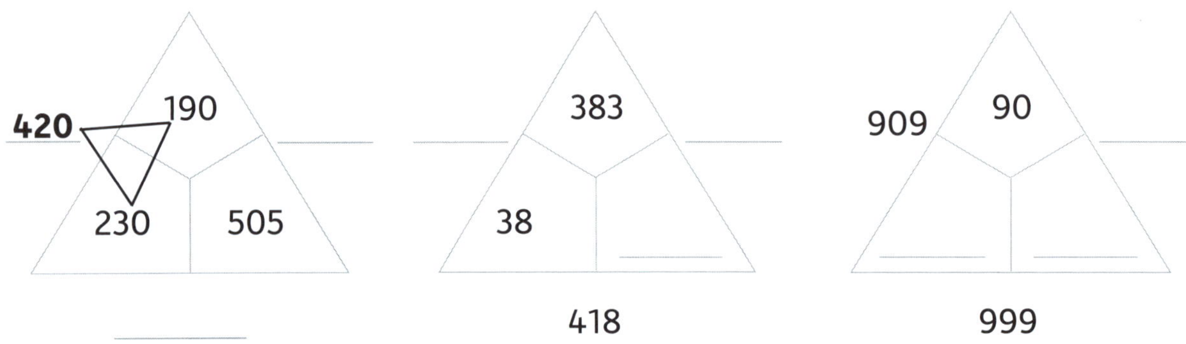

/ 4

3 **Rechne schriftlich. Denke an Merkzahlen oder Merkzeichen.**

407 + 381	642 + 246	158 + 548	355 + 466	275 + 567
426 – 313	246 – 68	534 – 217	674 – 385	700 – 398

/10

4 **Schreibe untereinander und rechne aus.**

564 + 284   677 – 486   847 – 569   456 + 189 + 78 + 143

/ 4

5 Ergänze die Lücken. Achte auf das Rechenzeichen.

	7	0	□
+	□	3	4
	9	□	6

	□	□	5
+	2	3	7
	7	5	□

	2	□	9
+	□	5	□
	8	4	8

	5	7	□
−	1	2	7
	□	4	4

	4	0	□
−	2	□	2
	□	9	7

□ /7

Zahlenrätsel

6a Bilde aus den folgenden 6 Ziffernkarten zwei dreistellige Zahlen. Wenn du die beiden Zahlen zusammenzählst, soll das Ergebnis möglichst **klein** werden.

1 5 3 8 4 1

erste Zahl →
zweite Zahl → +
Ergebnis →

□ /3

b Wenn ich von meiner Zahl 170 abziehe, erhalte ich 555.

Die Zahl heißt: ______

□ /1,5

c Drei Zahlen ergeben zusammen 1000. Die erste Zahl ist 444, die zweite Zahl ist um 87 kleiner als die erste Zahl. Wie heißen die drei Zahlen?

1. Zahl: ______ 2. Zahl: ______ 3. Zahl: ______

□ /4,5

d Wenn du zu meiner Zahl 700 dazuzählst und dann 120 abziehst, erhältst du 820.

Die Zahl heißt: ______

□ /3

Von 45 Punkten hast du ______ erreicht.

20. Kniffliges Rechnen bis 1000

1 Rechendreiecke: Zähle jeweils zwei Flächen eines Dreiecks zusammen. Schreibe das Ergebnis seitlich dazu. Löse das letzte Dreieck durch Probieren.

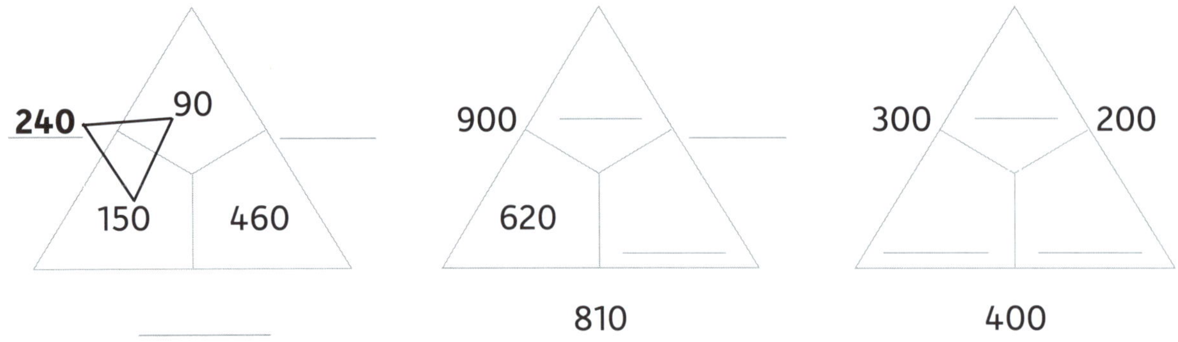

/ 4

2 Größer, kleiner oder gleich? Setze jeweils das passende Zeichen ein: >, <, =.
Tipp: Schreibe dir die Ergebnisse auf beiden Seiten dazu.

450 + 80 ◯ 580 – 50 | 630 – 250 ◯ 490 – 180

930 – 740 ◯ 460 + 190 | 550 + 170 ◯ 880 – 170

/ 4

3 Welche Zahl liegt jeweils am nächsten am Ergebnis der Rechnung? Kreuze an.

851 – 421
- ◯ 400
- ◯ 425
- ◯ 450

175 + 435
- ◯ 590
- ◯ 650
- ◯ 680

/ 2

4 Setze die Zahlenfolgen fort. Schreibe zu den Pfeilen, was du rechnest.

143 → 154 → 165 → 176 → 187 → ______ → ______

900 → 890 → 870 → 840 → 800 → 750 → ______ → ______

/ 6

Zahlenrätsel

5a Meine Zahl liegt zwischen 400 und 600. Die zweite Ziffer ist die 2, die dritte ist doppelt so groß wie die zweite Ziffer. Keine Ziffer kommt mehrfach vor.
Die Zahl heißt ______.

/ 1

b Meine Zahl liegt zwischen 600 und 800. Sie endet auf 5. Die anderen Ziffern sind gleich. Wenn du alle drei Ziffern der Zahl zusammenzählst, erhältst du 17.
Die Zahl heißt ______.

/ 1

Sachaufgaben: Geld – Geld – Geld

6 Ayse freut sich: Sie bekommt heute für ihr Zimmer ein neues Bett für 179 € und ein neues Regal. Passend zum Regal kaufen sie noch vier Kisten für je 8 €. Ihre Mutter bezahlt mit drei 100-€-Scheinen. 14 € bekommt sie zurück.

▶ Wie viel kostet das Regal?

/ 4

A: ______________________________ /0,5

7 Paolo fährt ins Zeltlager. Dafür bekommt er eine neue Regenjacke für 34 €, einen Schlafsack für 37,90 € und drei Paar Socken zu je 3 €. Sein Vater zahlt alles mit zwei 50-€-Scheinen. Finde die Rechenfrage: Verwende alle Informationen.

F: ______________________________ /1

/4,5

A: ______________________________ /0,5

8 Jonas geht mit seinen Eltern und Geschwistern ins Schwimmbad. Der Eintritt kostet für Erwachsene 9,50 € und für Kinder 6 €. Insgesamt bezahlen sie 43 €.

▶ Wie viele Geschwister hat Jonas?

Jonas

/ 2

A: ______________________________ /0,5

Von 31 Punkten hast du ______ erreicht.

21. Einmaleins mit Zehnerzahlen

1 Wiederhole: Fit beim kleinen Einmaleins?

3 · 7 = ___	8 · 9 = ___	4 · 9 = ___	6 · ___ = 30	___ · 7 = 56	
4 · 8 = ___	7 · ___ = 42	___ : 6 = 54	7 · 7 = ___	6 · ___ = 48	/5

2 Kreise ein:
rot = alle Zahlen, die durch 60 teilbar sind
blau = alle Zahlen, die durch 70 teilbar sind
grün = alle Zahlen, die durch 80 teilbar sind

Achtung:
Manche Zahlen musst du mit zwei Farben einkreisen, manche gar nicht!

210	410	630	800	480	540	160
120	360	560	600	520	70	420

/ 7

3 Malnehmen und teilen mit Zehnerzahlen

44 · 10 = ___	___ · 9 = 630	590 : 10 = ___	___ : 60 = 3	
80 · 5 = ___	___ · 50 = 450	120 : 30 = ___	320 : ___ = 80	
90 · 7 = ___	7 · ___ = 280	120 : 4 = ___	___ : 6 = 100	/6

4 Rechenschlange: Ergänze alle Lücken.

a 90 —·2→ ___ —:30→ ___ —·50→ ___ —:5→ ___ —·7→ ___ /2,5

b 80 —:→ 20 —·→ 160 —:→ 40 —·→ 120 —:→ 60 /2,5

5 Finde 8 verschiedene Malaufgaben mit dem Ergebnis 240. Trage sie ein.

___ · ___ ___ · ___ ___ · ___ ___ · ___

___ · ___ ___ · ___ ___ · ___ ___ · ___ / 4

6 Zahlenrätsel: Halbiere 400 und ergänze (addiere) zum Ergebnis den 3. Teil von 90 und das 4-Fache von 70.

Die Zahl heißt: ___. / 4

Sachaufgaben: Vorbereitungen für das Sommerfest

7 Angebote:

a Frau Maier hat für das Sommerfest der Schule 8 Packungen Luftballons gekauft. Davon werden 400 Luftballons mit Gas gefüllt, um sie fliegen zu lassen.

▶ Wie viele Luftballons werden nicht gefüllt?

A: ______________________________ ☐ / 2 ☐ /0,5

b Für das Sommerfest werden auch 180 Pappteller gekauft.

▶ Wie viel kosten sie insgesamt?

A: ______________________________ ☐ / 2 ☐ /0,5

c Herr Sparsam hat für 15 € Pappbecher gekauft. Vom letzten Jahr sind noch 100 Becher übrig.

▶ Wie viele Pappbecher hat er jetzt insgesamt?

A: ______________________________ ☐ / 3 ☐ /0,5

8 Zum Sommerfest kommen 210 Personen. Es sind doppelt so viele Kinder wie Erwachsene. Wie viele Kinder sind gekommen? Kreuze an.

○ 80 ○ 100 ○ 50 ○ 70 ○ 140 ☐ / 1

Von 40,5 Punkten hast du ______ erreicht.

22. Rechnen mit Zeiten

1 **Wie viel Uhr ist es? Schreibe beide Uhrzeiten auf. Sieh dir das Beispiel an.**

10.12 Uhr	______	______	______	______
22.12 Uhr	______	______	______	______

☐ / 4

2 **Zeichne die Zeiger passend ein.**

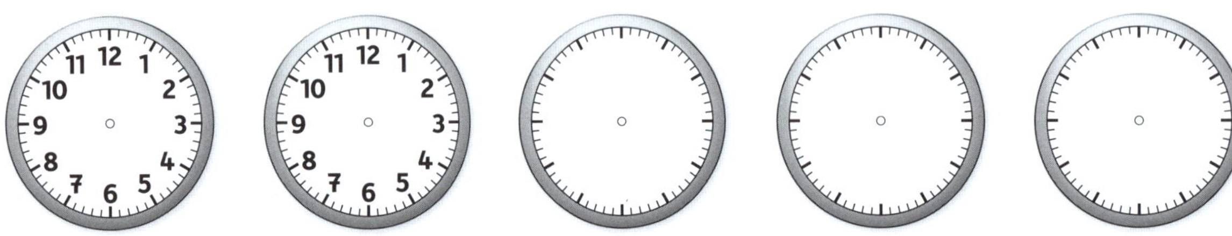

0.47 Uhr	**Viertel nach sechs**	**zwanzig vor elf**	**siebzehn Uhr vier**	**fünf nach halb neun**

☐ / 5

3 **Wie viele Minuten sind jeweils vergangen? Schreibe auf die Pfeile.**

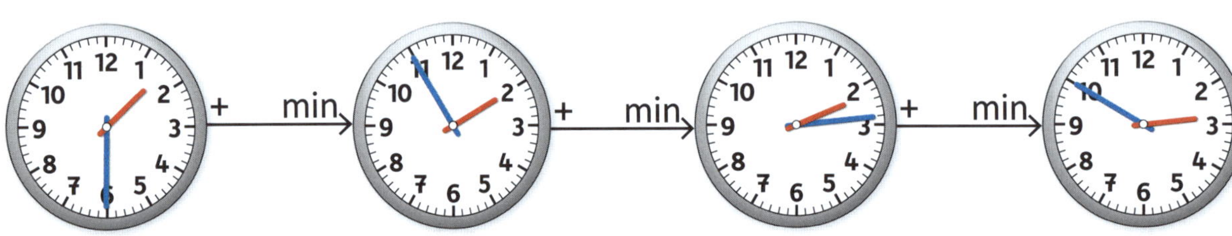

☐ / 3

4 **Ergänze die Tabelle. Sieh dir das Beispiel an. (h = Stunde, min = Minute)**

Abfahrt	17.00 Uhr	13.20 Uhr	15.55 Uhr	
Ankunft	18.30 Uhr	13.45 Uhr		20.20 Uhr
Fahrtdauer	**1 h 30 min**		1 h 10 min	2 h 30 min

☐ / 3

5 **Rechne um. Achte auf die Einheiten.**

2 h = ______ min   eine Viertelstunde = ______ min   540 s = ______ min

3 h 25 min = ______ min   420 min = ______ h   460 min = ___ h ___ min

☐ / 6

Sachaufgaben

6 Familie Flott und Familie Lahm fahren gemeinsam in den Urlaub. Beide Familien starten um 12.55 Uhr. Familie Flott ist um 14.40 Uhr am Ziel. Familie Lahm fährt einen Umweg und sie geraten in einen Stau. Ihre Fahrtzeit ist doppelt so lang wie die der Familie Flott.

a F: Wie lange ist Familie Flott unterwegs?

R: ______________________________ /1

A: ______________________________ /0,5

b Wann kommt Familie Lahm am Ziel an?

A: ______________________________ /3 /0,5

7 Wenn alle Ampeln grün sind, braucht Herr Wolf mit dem Auto 7 Minuten und 40 Sekunden zur Arbeit. Heute hat er Pech und die zwei Ampeln, an denen er vorbeikommt, sind rot. An der ersten Ampel muss er 25 Sekunden warten, an der zweiten Ampel eine halbe Minute.

▶ Wie lange dauert heute sein Weg zur Arbeit?

R: ______________________________

____

A: Heute dauert sein Weg ______ Minuten und ______ Sekunden. /2

8 Heute ist der 28 Mai. Mia sagt: „In einer Woche und 5 Tagen habe ich Geburtstag!" Wann hat Mia Geburtstag?

R: ______________________________ /1

A: ______________________________ /0,5

Auf der nächsten Seite geht's weiter.

9 Bus 621: Blumental bis Rosendorf

Blumental (ab)	9.00	10.00	11.00	12.00	13.00	14.00	15.00	16.00	17.00
Grünau (ab)	9.10	10.10	11.10	12.10	13.10	14.10	15.10	16.10	17.10
Tulpach (ab)	9.23	10.23	11.23	12.23	13.23	14.23	15.23	16.23	17.23
Rosendorf (an)	9.45	10.45	11.45	12.45	13.45	14.45	15.45	16.45	17.45

a Richtig oder falsch? Sieh dir den Fahrplan genau an und kreuze an.

	richtig	falsch
Diese Buslinie hat die Nummer 612.		
Nach diesem Fahrplan gibt es an einem Tag neun Verbindungen für die Strecke von Blumental bis Rosendorf.		
Nach diesem Fahrplan fährt um 17 Uhr in Grünau ein Bus ab.		
Von Blumental bis Rosendorf dauert die Fahrt nach Fahrplan immer eine Dreiviertelstunde.		
Der letzte Bus an einem Tag fährt in Tulpach um 17.23 Uhr ab.		

☐ / 5

b Hanna kommt um 11.30 Uhr in Grünau an der Bushaltestelle an. Wann fährt der nächste Bus ab? Wie lange muss sie auf die Abfahrt warten?

R: ______________________________

A: Der nächste Bus fährt um ______ Uhr ab. Hanna muss ______ Minuten warten.

☐ / 2

c Lena fährt um 16.23 Uhr in Tulpach ab. Wegen eines Unfalls dauert die Fahrt nach Rosendorf 7 Minuten länger als im Fahrplan angegeben.

▶ Wie lange ist Lena mit dem Bus unterwegs? Wann kommt sie in Rosendorf an?

R: ______________________________

____

A: Lena ist ______ Minuten unterwegs. Um ______ Uhr kommt sie an.

☐ / 2

d Tim steigt um 12.10 Uhr in Grünau in den Bus ein, der nach diesem Fahrplan fährt. Er denkt: „In 10 Minuten bin ich in Blumental." **Erkläre**, warum das nicht stimmt.

A: ______________________________

____

☐ / 1

Von 39,5 Punkten hast du ______ erreicht.

23. Kreuz und quer durch die 3. Klasse

1 Fit beim Einmaleins? Löse die Aufgaben.

4 · 5 = ___ 18 : 3 = ___ 63 : 7 = ___ 42 : ___ = 7 ___ · 9 = 81

2 · 8 = ___ 6 · ___ = 36 ___ · 8 = 48 7 · 8 = ___ ___ : 8 = 8

/5

2 Rechne schriftlich.

453 + 269 541 – 276 761 – 304 321 + 447 + 152

/4

3 Wie gehen die Reihen weiter? Schreibe die Rechnung auf die Pfeile. Ergänze.

a 10 → 20 → 40 → 80 → ___ → ___

b 1000 → 900 → 890 → 790 → 780 → ___

/3,5

Zahlenrätsel

4a Leila sagt: „Es gibt Zahlen, die liegen zwischen 700 und 800. Sie haben nur halb so viele Einer wie Zehner." Kreuze alle passenden Zahlen an.

○ 884 ○ 784 ○ 763 ○ 748 ○ 721 ○ 710

/1

b Benedikt stellt folgendes Zahlenrätsel: „Meine Zahl hat drei gleiche Ziffern. Sie ist ungerade und kleiner als 300." Die Zahl heißt: ___.

/1

c Joey denkt sich drei Zahlen aus: „Die erste Zahl ist doppelt so groß wie die zweite, die zweite Zahl ist um 99 kleiner als die dritte Zahl. Die erste Zahl ist 840."

Die drei Zahlen: 1. Zahl: 840 2. Zahl: ___ 3. Zahl: ___

/2

Den Dinosauriern auf der Spur

5 Heute fährt die Klasse 3c mit dem Bus ins Naturkundemuseum. An der Schulhaltestelle sind schon einige Fahrgäste im Bus. Keiner von ihnen steigt aus, aber 22 Kinder, 2 Lehrerinnen und 6 weitere Personen steigen ein. An der nächsten Station, dem Museum steigen alle 46 Fahrgäste aus.
Wie viele Fahrgäste waren an der Schulhaltestelle schon im Bus, bevor jemand eingestiegen ist?
Schreibe zuerst eine Platzhalteraufgabe.

R: ______

______

______ / 2

A: ______ /0,5

6 Um 8.52 Uhr steigen sie aus dem Bus. Jetzt müssen sie noch eine Viertelstunde zum Museum laufen. Das Museum öffnet aber erst um 9.30 Uhr.

F: ______ /0,5

R: ______

______ / 2

A: ______ /0,5

7 Die 22 Kinder und die 2 Lehrerinnen bezahlen insgesamt 74 € Eintritt. Der Eintritt für ein Kind kostet 3 €. Was kostet der Eintritt für einen Erwachsenen?

R: ______

______

______ / 3

A: ______ /0,5

8 Frau Maler stellt ein Rätsel: „Dieser Bracchiosaurus ist 13 m groß. Wenn ich eineinhalb Meter größer wäre und auf eine 10 m hohe Leiter steigen würde, wäre ich genauso groß wie er. Wie groß bin ich?"

R: ______

______ /2,5

A: ______ /0,5

9 Sara hat ihren Geldbeutel ausgeleert. Hier siehst du all ihr Geld:

a Wie viel Geld hat Sara? Sara hat ________ €. (Kommaschreibweise!) ☐ / 1

b Sara möchte von ihrem Geld **zwei verschiedene** kleine Dinofiguren kaufen.

Welche zwei Dinos kann Sara mit ihrem Geld kaufen? Gib alle Möglichkeiten an.

Sara könnte jeweils folgende zwei Dinofiguren kaufen:

A + ____, ______________________________ ☐ / 4

10 Leonardo kauft sich vier gleiche Dinos aus Schokolade für insgesamt 1,60 €.
Was kosten ein, zwei, sieben oder acht solcher Schokodinos?
Fülle die Tabelle passend aus. (Tipps zur Rechentabelle findest du auf Seite 50.)

Anzahl	1	2	3	4	7	8
Preis		0,80 €		1,60 €		

Platz zum Rechnen:

☐ / 4

11 Hier siehst du links einen Dino aus Mosaiksteinen und rechts sein Spiegelbild.

- Das Spiegelbild ist nicht vollständig. Zeichne alle roten Flächen und Linien passend in das Spiegelbild ein.
- Finde die beiden Fehler im Spiegelbild und kreise sie ein.

☐ /3,5

12 **Setze die passenden Einheiten ein: mm, cm, m, km, min, h (Stunden), g, kg, ct, €.**

Den Kindern gefällt das Museum sehr. Ben erzählt begeistert: „Wusstet ihr, dass der größte Dino, der jemals gefunden wurde, vom Kopf bis zum Schwanz 40 ____ lang war und wohl so viel wie 14 Elefanten gewogen hat? Ich wiege nur 31 ____ und bin 1,35 ____ groß." – „Meine Maus ist dagegen ein Zwerg: Mit dem Schwanz ist sie 15 ____ lang und nur 30 ____ schwer!", meint Julius.
„Schaut mal", ruft Hanna, „ich habe mir zwei Dinosticker gekauft! Sie waren aber teuer: Der eine hat 1,49 ____ gekostet und der andere sogar noch 30 ____ mehr."
Nach 3 ____ macht sich die Klasse wieder auf den Heimweg. Die 8 ____ lange Strecke zurück zur Schule dauert mit dem Bus nur 15 ____. So ein toller Ausflug!

☐ / 5

Von 46 Punkten hast du ______ erreicht.

Fachbegriffe – Rechenarten – Rechenregeln – Größen

Achsensymmetrie

→ **Symmetrie**

Addition/addieren

Plusrechnung/zusammenzählen, dazuzählen, ergänzen, hinzufügen

Schriftlich addieren.
Rechne immer von rechts nach links;
denke an den Übertrag.

	2	4	8
+	5	8	6
	1	1	
	8	3	4

Das Ergebnis ist die Summe aus 248 und 586.

Differenz

Abstand zwischen zwei Zahlen; Ergebnis einer → **Subtraktion**

Division/dividieren

Teilungsaufgabe/teilen

Doppelte von

2 · (mit 2 malnehmen)

Einmaleinstabelle

	1	2	3	4	5	6	7	8	9	10
1	1	2	3	4	5	6	7	8	9	10
2	2	4	6	8	10	12	14	16	18	20
3	3	6	9	12	15	18	21	24	27	30
4	4	8	12	16	20	24	28	32	36	40
5	5	10	15	20	25	30	35	40	45	50
6	6	12	18	24	30	36	42	48	54	60
7	7	14	21	28	35	42	49	56	63	70
8	8	16	24	32	40	48	56	64	72	80
9	9	18	27	36	45	54	63	72	81	90
10	10	20	30	40	50	60	70	80	90	100

Fache von

z. B. *das 3-Fache von* bedeutet *mit 3 malnehmen* (3 ·)

Flächenformen

Ein Quadrat ist ein besonderes Rechteck:
Seine vier Seiten sind gleich lang.

Geld

Einheit: Euro (€) und Cent (ct):
Umrechnung: 100 ct = 1 €; 10 ct = 0,10 €; 1 ct = 0,01 €
Kommaschreibweise: 5 € 3 ct = 5,03 €

gerade Zahl

Zahl, die auf 0, 2, 4, 6 oder 8 endet.
Eine gerade Zahl ist durch 2 teilbar; z. B. 124.

Gewichte

Einheiten: Tonne (t), Kilogramm (kg), Gramm (g)
Umrechnung: 1 t = 1000 kg, 1 kg = 1000 g
Kommaschreibweise: 0,5 kg = 500 g

Größen

→ **Geld**, → **Gewichte**, → **Längen**, → **Zeit**

Grundrechenarten

→ **Addition**, → **Subtraktion**, → **Multiplikation**, → **Division**

halbieren/ Hälfte von

: 2 (durch 2 teilen)

hinzufügen

→ **addieren**

Hunderterfeld (Beispiele)

1. Feld

1	2	3	4	5	6	7	8	9	10
11	12	13	14	15	16	17	18	19	20
21	22	23	24	25	26	27	28	29	30
31	32	33	34	35	36	37	38	39	40
41	42	43	44	45	46	47	48	49	50
51	52	53	54	55	56	57	58	59	60
61	62	63	64	65	66	67	68	69	70
71	72	73	74	75	76	77	78	79	80
81	82	83	84	85	86	87	88	89	90
91	92	93	94	95	96	97	98	99	100

2. Feld

101	102	103	104	105	106	107	108	109	110
111	112	113	114	115	116	117	118	119	120
121	122	123	124	125	126	127	128	129	130
131	132	133	134	135	136	137	138	139	140
141	142	143	144	145	146	147	148	149	150
151	152	153	154	155	156	157	158	159	160
161	162	163	164	165	166	167	168	169	170
171	172	173	174	175	176	177	178	179	180
181	182	183	184	185	186	187	188	189	190
191	192	193	194	195	196	197	198	199	200

7. Feld

601	602	603	604	605	606	607	608	609	610
611	612	613	614	615	616	617	618	619	620
621	622	623	624	625	626	627	628	629	630
631	632	633	634	635	636	637	638	639	640
641	642	643	644	645	646	647	648	649	650
651	652	653	654	655	656	657	658	659	660
661	662	663	664	665	666	667	668	669	670
671	672	673	674	675	676	677	678	679	680
681	682	683	684	685	686	687	688	689	690
691	692	693	694	695	696	697	698	699	700

je/zu je/jeweils

z. B. *Flaschen zu je 4 €* bedeutet: *Jede Flasche* kostet 4 €.

Körperformen

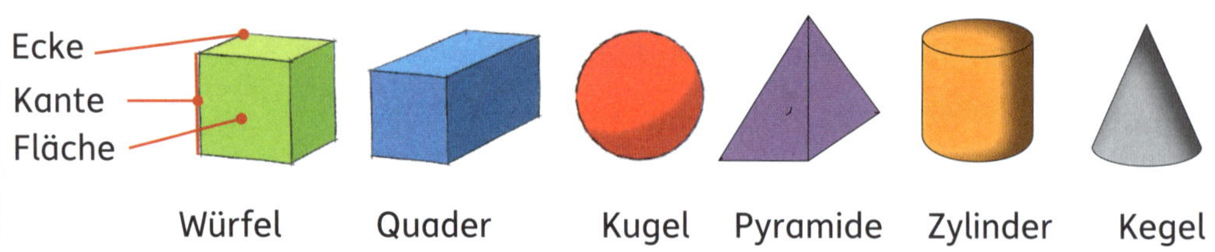

Längen

Einheiten: Kilometer (km), Meter (m), Zentimeter (cm), Millimeter (mm)
Umrechnung: 1 km = 1000 m, 1 m = 100 cm, 1 cm = 10 mm
Kommaschreibweise: 0,5 m = 50 cm; 1,2 cm = 12 mm

Multiplikation/ multiplizieren

Malaufgabe/malnehmen, vervielfachen, das ...-Fache rechnen

Nachbarzahlen

Zu jeder Zahl gibt es einen Vorgänger und einen Nachfolger. Sie sind jeweils – 1 oder + 1 von der Zahl entfernt. Jede Zahl hat auch jeweils einen kleinen und einen großen Nachbarzehner, Nachbarhunderter, Nachbartausender ...
Die Abstände dieser Nachbarn zur Zahl können unterschiedlich groß sein.
Auf einem Zahlenstrahl wird das deutlich:

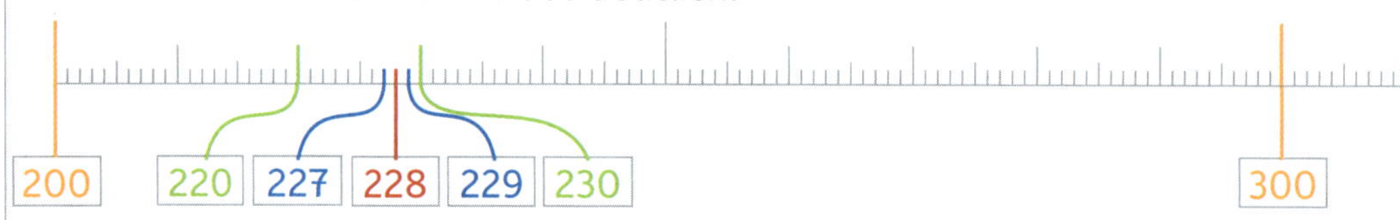

Pfeilbild/ Pfeildiagramme/ Pfeilskizze

Vor allem bei Zahlenrätseln können dir Pfeilbilder beim Lösen helfen: Wenn du mit dem Ergebnis beginnst und nun rückwärts, also von rechts nach links, Umkehraufgaben rechnest, findest du die Lösung.

z. B. [ ] —· 8→ [ ] —+ 4→ [ ] —: 6→ [10]
Rechne so: 10 · 6 = 60, 60 – 4 = 56, 56 : 8 = 7

Rechenkette

→ **Pfeildiagramm**

Rechentabelle

Rechentabellen helfen dir, z. B. den Preis einer bestimmten Stückzahl zu finden. Überlege dabei 3 Schritte:
3 Bücher: 15 € → 1 Buch: 15 €: 3 = 5 € → 2 Bücher: 2 · 5 € = 10 €
→ 10 Bücher: 10 · 5 € = 50 €

: 3 · 2

Anzahl/Stück	1	2	3	10
Preis	5 €	10 €	15 €	50 €

· 2 : 3

rechter Winkel (90°-Winkel)

Mit einem Geodreieck kannst du rechte Winkel leicht finden.
Kennzeichne sie mit diesem Zeichen: ⦜

Skizze

Zeichnung; kann dir oft bei Textaufgaben helfen

Subtraktion/ subtrahieren

Minusrechnung/abziehen, vermindern, verringern
Achte auf Gemerktzahlen oder Zeichen (Strich)!
Rechne, wie du es in der Schule gelernt hast.

Abzieh-/Borgeverfahren:

		7	16
	5	~~8~~	~~6~~
−	1	3	9
	4	4	7

Abziehverfahren:

	5	8	6
		I	
−	1	3	9
	4	4	7

Ergänzungsverfahren:

	5	8	6
−	1	3	9
		1	
	4	4	7

Summe

Ergebnis einer → **Addition**

Symmetrie (Achsensymmetrie)

Eine achsensymmetrische Figur kann durch Spiegelung an einer oder mehreren Symmetrieachsen mit sich selbst abgebildet werden.

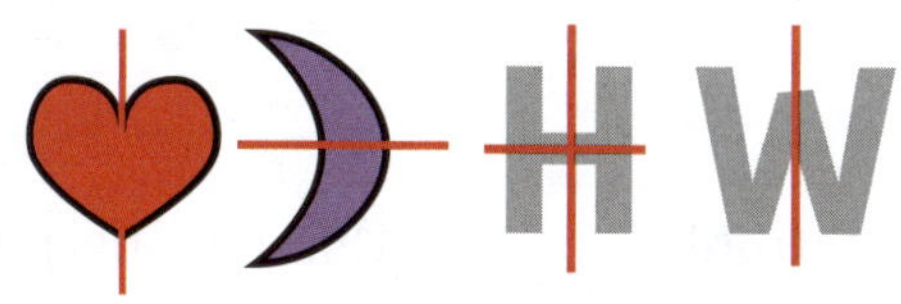

Tauschaufgaben

Bei Plusaufgaben und Malaufgaben kannst du die Zahlen tauschen; das Ergebnis bleibt gleich. Das kann dir beim Rechnen helfen:

25 + 376 = 401 → 376 + 25 = 401

80 · 3 = 240 → 3 · 80 = 240

Teil einer Zahl

z. B. *3. Teil von 6* bedeutet *6 : 3 = 2* (durch 3 teilen)

Überschlag

mit gerundeten Zahlen rechnen, ein ungefähres Ergebnis wird erzielt

Umkehraufgabe

Eine Aufgabe wird *umgekehrt*: aus + wird –, aus • wird :
3 + 4 = 7 → 7 – 4 = 3 und 2 • 4 = 8 → 8 : 2 = 4

ungerade Zahl

Zahl, die auf 1, 3, 5, 7 oder 9 endet. Zahl ist nicht durch 2 teilbar.

Unterschied

→ **Differenz**

verdoppeln

• 2 (mit 2 malnehmen)

Vergleich

ist gleich (=), ist kleiner als (<), ist größer als (>)

vermehren

→ **addieren**

vermindern

→ **subtrahieren**

vervielfachen

→ **multiplizieren**

Wahrscheinlichkeit

Kann das sein?
- unmöglich: trifft nie zu, kann niemals geschehen
- möglich: etwas kann sein, es ist aber nicht sicher
- unwahrscheinlich: trifft nur selten zu
- wahrscheinlich: trifft oft zu
- sicher: trifft immer zu, stimmt genau

Würfelnetze

Wir unterscheiden 11 verschiedene Würfelnetze. Diese können aber durch Spiegelung oder Drehung in ihrer Lage verändert werden. Gegenüberliegende Flächen sind gleich gefärbt.

Zahldarstellungen/ Zahlzerlegung

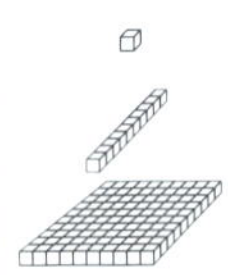

Einer-Würfel — Einer = **E**

Zehner-Stange (= 10 Einer-Würfel) — Zehner = **Z**

Hunderter-Platte (= 10 Zehner-Stangen = 100 Einer-Würfel) — Hunderter = **H**

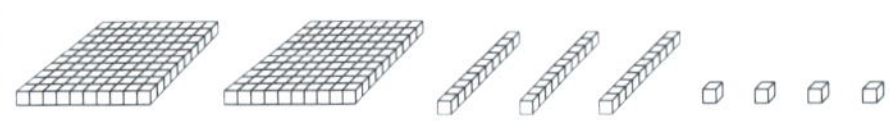 = **2 H 3 Z 4 E** = **234**

Zahlenfolgen/ Zahlenreihen

Bei Zahlenreihen folgt der Abstand zwischen den Zahlen einem immer gleichen Muster:

1 —(+ 2)→ 3 —(· 3)→ 9 —(+ 2)→ 11 —(· 3)→ 33 —(+ 2)→ 35

Zahlenstrahl

Überlege bei jedem Zahlenstrahl zuerst: Wie groß sind die Schritte von einem zum nächsten Strich?

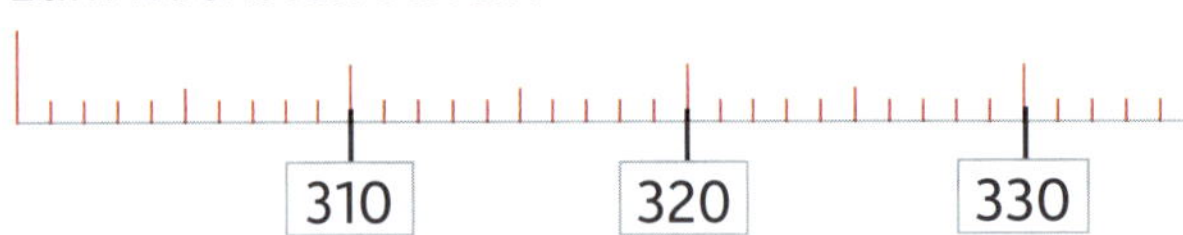

Zahlenstrahl mit **Einer**-Schritten

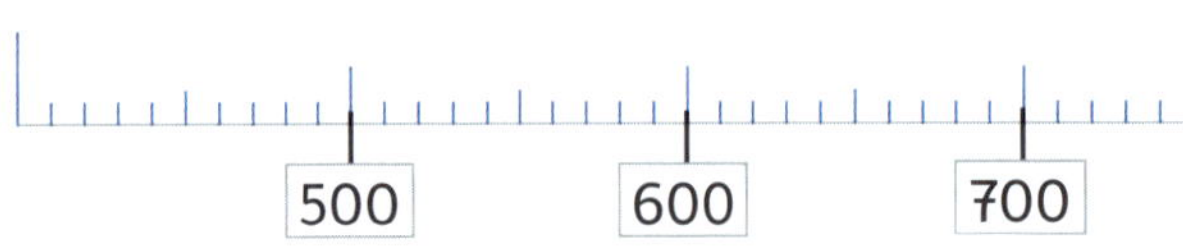

Zahlenstrahl mit **Zehner**-Schritten

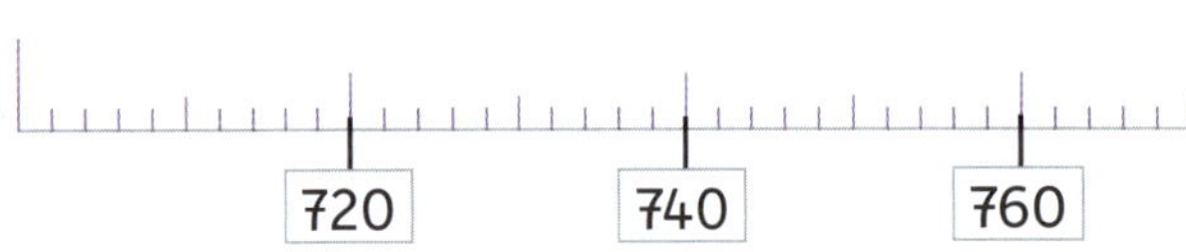

Zahlenstrahl mit **Zweier**-Schritten

Zeit

Einheiten: Tag, Stunde (h), Minute (min), Sekunde (s)
Umrechnen: 1 Tag = 24 h; 1 h = 60 min, 1 min = 60 s

Ziffer

Mit den Ziffern 0, 1, 2, 3, 4, 5, 6, 7, 8 und 9 kann man jede Zahl darstellen: Die Zahl 325 besteht aus drei Ziffern: 3, 2 und 5.

Tipps zum Lösen von Sachaufgaben – 5 Schritte: LUFRA

Lies genau: Erzähle dir die Aufgabe in eigenen Worten!
Unterstreiche: Suche nach wichtigen Infos zu Zahlen und Rechenzeichen!
Frage: Was soll ich rechnen? Manchmal musst du die Frage selbst finden!
Rechne: Löse die Aufgabe Schritt für Schritt! Schreibe den Rechenweg auf!
Antworte: Die Antwort muss zur Frage passen!